果蔬茶加工与流通
百问百答
插图版

全国妇联妇女发展部
农业部科技教育司 组编
中国农学会

U0239235

中国农业出版社

图书在版编目（CIP）数据

果蔬茶加工与流通百问百答：插图版／全国妇联妇
女发展部，农业部科技教育司，中国农学会组编．—北
京：中国农业出版社，2018.3（2018.12重印）
ISBN 978-7-109-23987-6

Ⅰ.①果… Ⅱ.①全… ②农… ③中… Ⅲ.①果蔬加
工-问题解答②茶叶-加工-问题解答③农产品-运输-
问题解答 Ⅳ.①TS255.3-44②TS272-44③S377-44

中国版本图书馆 CIP 数据核字（2018）第 048970 号

中国农业出版社出版
（北京市朝阳区麦子店街 18 号楼）
（邮政编码 100125）
责任编辑 刘 伟 廖 宁

北京通州皇家印刷厂印刷 新华书店北京发行所发行
2018 年 3 月第 1 版 2018 年 12 月北京第 7 次印刷

开本：880mm×1230mm 1/32 印张：4.75
字数：150 千字
定价：18.00 元
（凡本版图书出现印刷、装订错误，请向出版社发行部调换）

编审指导委员会

编 委 会

本书编写人员

主　编：孙　哲　冯桂真

副主编：程勤阳　严继超　王希卓

参　编（按姓名笔画排序）：

王海波　毕　坤　刘　清

孙　静　林　智　袁宏伟

廖丹凤

前　言

　　果蔬茶的市场营销与生产具有同等重要的地位。果蔬茶的贮藏、干制与加工是农产品转化为商品的必要操作和进入流通环节的前提，只有"重产重销"才能使产品的丰收转化成经济上的丰收。由此，我们组织农业部规划设计研究院、北京农学院等单位的相关专家，对果蔬茶贮藏、干制、加工与市场营销等方面的重点知识进行筛选整理、编撰成书，着重向姐妹们介绍果蔬茶的贮藏保鲜、干制设施、关键技术，以及果蔬茶的市场营销、市场策略和流通模式等方面的基础知识与关键技术，希望对姐妹们发展生产、创收增收有所指导和帮助。

　　由于编者水平有限，加之成书时间紧，书中难免有疏漏和不妥之处，敬请广大读者批评指正。

编　者
2018 年 2 月

目　录

前言

■ 果蔬贮藏保鲜

项目一　果蔬贮藏保鲜原理

1　为什么果蔬需要保鲜？ ……………………… 3
2　果蔬采收后的呼吸作用和水分蒸腾是
　　怎么回事？ …………………………………… 4
3　影响果蔬采收后呼吸作用和水分蒸腾的
　　因素有哪些？ ………………………………… 5
4　果蔬"出汗"是怎么回事？ ………………… 7
5　果蔬采收后常见生理性病害有哪些？ ……… 7
6　果蔬采收后常见侵染性病害有哪些？ ……… 9

项目二　常用的果蔬贮藏设施

7　什么是贮藏窖？ ……………………………… 12
8　什么是通风库？ ……………………………… 13
9　什么是冷藏库？ ……………………………… 14
10　什么是气调库？ …………………………… 15

项目三　果蔬贮藏保鲜实例

11　马铃薯采后有哪些生命活动？ …………… 16

12 马铃薯贮藏期间容易发生哪些病害？ ·········· 17

13 马铃薯采后贮藏的操作流程是什么样的？ ········· 18

14 马铃薯贮藏前要做哪些处理？ 19

15 各类马铃薯贮藏时的温度条件是什么？ ········· 20

16 马铃薯的贮藏期管理技术要点有哪些？ 22

17 马铃薯贮藏设施（贮藏窖）应如何管理？ 23

18 蒜薹贮藏保鲜适合哪种方法？ 23

19 蒜薹贮藏期间容易发生哪些病害？ 24

20 装配式冷藏库贮藏蒜薹的操作流程
是什么样的？ ·········· 25

21 蒜薹贮藏时温度、湿度和气体条件是什么？ ······· 25

22 蒜薹贮藏保鲜的注意事项有哪些？ 26

23 大白菜贮藏保鲜适合哪种方法？ 27

24 大白菜贮藏期间容易发生哪些病害？ ·········· 28

25 大白菜贮藏操作流程及温度、湿度条件
是什么？ 29

26 大白菜贮藏的注意事项有哪些？ ·········· 29

27 苹果贮藏保鲜适合哪种方法？ ·········· 30

28 苹果贮藏期间容易发生哪些病害？ 31

29 简易冷藏库贮藏苹果的操作流程是
什么样的？ ·········· 33

30 苹果贮藏时温度、湿度和气体条件是什么？ 33

31 简易冷藏库贮藏苹果的注意事项有哪些？ 34

32 柑橘类水果贮藏保鲜适合哪种方法？ ·········· 35

33 柑橘类水果贮藏期间容易发生哪些病害？ 36

34 通风库贮藏柑橘类水果的操作流程是
什么样的？ ·········· 38

35 柑橘类水果贮藏时温度和湿度条件是什么？ ······· 39

36 通风库贮藏柑橘类水果的注意事项

有哪些？ ·································· 40

37 葡萄贮藏保鲜适合哪种方法？ ··········· 41

38 葡萄贮藏期间容易发生哪些病害？ ········· 42

39 装配式冷藏库贮藏葡萄的操作流程是
什么样的？ ························· 43

40 葡萄贮藏时温度和湿度条件是什么？ ······· 44

41 葡萄贮藏的注意事项有哪些？ ··········· 44

■　果蔬初加工

项目一　果蔬前处理技术

42 为什么要对果蔬进行分级和包装？ ········· 49

43 为什么要对果蔬进行预冷？常见的预冷
方式有哪些？ ······················· 50

项目二　果蔬干制

44 为什么要对果蔬进行干制？ ············· 53

45 果蔬干燥主要有哪些方式？ ············· 55

46 常用的干燥技术有哪些？ ·············· 55

47 常用的热风干燥设施有哪些？ ··········· 57

48 什么是普通烘房？ ·················· 57

49 什么是热风烘房？ ·················· 59

50 什么是多功能烘干窑？ ··············· 60

51 果蔬采收后的生命活动对干制有
什么影响？ ························· 61

52 果品哪些品质对干制有影响？ ··········· 61

53 果蔬干制要进行哪些前处理？ ··········· 63

54 果品烘干前要注意什么？ ·············· 64

项目三　果蔬干制实例

55　香菇烘干的操作流程是什么样的？……………65

56　用于干制的香菇什么时期采收合适？……………66

57　多功能烘干窑烘干香菇时的温度和湿度
如何控制？……………67

58　香菇在干制过程中会发生什么变化？……………68

59　干制香菇的等级是怎么划分的？……………68

60　辣椒烘干的操作流程是什么样的？……………69

61　用于干制的辣椒什么时期采收合适？……………70

62　热风烘房烘干辣椒时的温度和湿度
如何控制？……………70

63　辣椒烘干后会发生什么变化？……………71

64　干制辣椒的等级是怎么划分的？……………72

65　鲜杏烘干的操作流程是什么样的？……………73

66　用于干制的杏什么时期采收合适？……………73

67　热风烘房烘干鲜杏时的温度和湿度如何
控制？……………74

68　杏在干制过程中会发生什么变化？……………75

69　干制杏干的等级如何划分？……………75

70　新鲜红枣烘至半干的操作流程是
什么样的？……………76

71　用于干制的红枣什么时期采收合适？……………76

72　普通烘房将新鲜红枣烘至半干时的温度和
湿度如何控制？……………76

73　如何判断红枣烘至半干？……………77

74　红枣在干制过程中会发生什么变化？……………77

75　干制红枣的等级是怎么划分的？……………77

76　枸杞烘干的操作流程是什么样的？……………79

77 用于干制的枸杞什么时期采收合适？ ………… **79**

78 多功能烘干窑烘干枸杞时的温度和湿度
如何控制？ …………………………………… **79**

79 干制枸杞的等级如何划分？ ………………… **80**

■ 茶叶加工与贮藏

80 茶叶种类是如何划分的？ …………………… **85**

81 绿茶如何加工？ ……………………………… **86**

82 红茶如何加工？ ……………………………… **87**

83 乌龙茶如何加工？ …………………………… **88**

84 黑茶如何加工？ ……………………………… **89**

85 白茶如何加工？ ……………………………… **91**

86 黄茶如何加工？ ……………………………… **91**

87 花茶如何加工？ ……………………………… **92**

88 茶叶如何包装和贮藏？ ……………………… **93**

89 如何进行茶叶感官审评？ …………………… **94**

■ 果蔬市场营销

90 果蔬产品市场营销包含哪些内容？ ………… **99**

91 果蔬产品市场营销应持有哪些观念？ ……… **100**

92 如何进行果蔬产品的市场细分？ …………… **100**

93 如何选择细分市场？ ………………………… **101**

94 如何进行市场定位？ ………………………… **103**

95 如何应用产品策略？ ………………………… **104**

96 如何应用品牌策略？ ………………………… **105**

97 如何应用包装策略？ ………………………… **106**

98 如何应用价格策略？ ………………………… **107**

99 如何应用促销策略？ ………………………… **108**

100 什么是电子商务？ …………………………… **110**

101 如何应用 B2B 型电子商务？ …………………… 111

102 如何应用 B2C 型电子商务？ …………………… 112

103 如何应用 C2C 型电子商务？ …………………… 113

104 农产品主要流通模式有哪些？ ………………… 115

105 如何应用"农户—批发商（第三方批发）"
型流通模式？ …………………………………… 116

106 如何应用"农户—批发商（自营批发）"
型流通模式？ …………………………………… 117

107 如何应用"农户—加工企业"型流通
模式？ …………………………………………… 118

108 如何应用"农户—餐饮企业"型流通
模式？ …………………………………………… 118

109 如何应用"农户—超市（便利店）"型
流通模式？ ……………………………………… 119

110 如何应用"农户—政府、机关、企事业
单位"型流通模式？ …………………………… 121

111 如何应用"农户—学校"型流通模式？ ……… 122

112 如何应用"农户—消费者（网络营销、
电话订购）"型流通模式？ …………………… 123

113 如何应用"农户—消费者（采摘）"型
流通模式？ ……………………………………… 124

114 如何应用"农户—消费者（种植体验）"型
流通模式？ ……………………………………… 125

115 如何应用"农户—消费者（电子菜箱）"型
流通模式？ ……………………………………… 126

116 如何应用"农户—消费者（智能菜柜）"型
流通模式？ ……………………………………… 127

117 如何应用"农户—社区（社区菜店）"型
流通模式？ ……………………………………… 128

118 如何应用"农户—社区（车载市场）"型
流通模式？ ……………………………………… **130**

119 如何应用"农户—社区（综合直营店）"型
流通模式？ ……………………………………… **131**

主要参考文献 ……………………………………… **132**

果蔬贮藏保鲜

项目一
果蔬贮藏保鲜原理

 为什么果蔬需要保鲜？

　　果蔬之所以要进行保鲜，是因为果蔬在采收后仍有生命活动，在酶和激素作用下仍会发生一系列的生理变化，如呼吸作用、水分蒸腾等，从而改变果蔬的品质、成熟度、耐贮性和抗病性，影响果蔬的贮藏寿命。因此，果蔬采收后，要掌控好温度、湿度、气体和微生物等果蔬保鲜的关键影响因素，以使果蔬保持良好的品质。

2 果蔬采收后的呼吸作用和水分蒸腾是怎么回事？

果蔬采收后，在酶和激素的作用下会发生一系列的生理变化，主要是呼吸作用和水分蒸腾。

(1) 呼吸作用

是指在一系列酶的作用下，果蔬吸入氧气的同时把自身复杂的有机物质逐步降解为二氧化碳、水等简单物质，并释放出能量的过程。呼吸作用越旺盛，果蔬的营养成分消耗得越多，采后贮藏寿命就越短。所以，采后保鲜的一个主要任务就是，采取一定措施使果蔬的呼吸作用处于低而正常的状态。

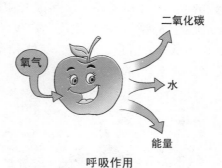

呼吸作用

果蔬采后的呼吸可分为呼吸跃变型和非呼吸跃变型。呼吸跃变型果蔬是指采收后呼吸有波动，出现一个明显的峰值；非呼吸跃变型果蔬是指采收后呼吸平缓，无显著峰值。呼吸跃变型果蔬对乙烯、二氧化碳等气体更加敏感，贮藏保鲜时要特别注意。

(2) 水分蒸腾

是指果蔬采收以后，贮
藏环境中的水蒸气压力低于
果蔬组织表面的水蒸气压力
时，果蔬中的水分以气体状
态通过果蔬组织表面向外扩
散的现象。水分蒸腾会减轻
果蔬重量，使果蔬失重，通
常称为干耗。当水分蒸腾导
致失水率达 3%～5% 时，就

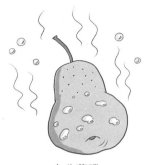

水分蒸腾

会表现出明显的失鲜症状，即表现为表面皱缩、失去光
泽、质地软化、风味变淡等。

 影响果蔬采收后呼吸作用和水分蒸腾的
因素有哪些?

(1) 影响呼吸作用的因素

呼吸作用除了受果蔬的种类、品种、成熟期和采收
成熟度等内因影响外，主要受 4 种外因的影响：一是温
度。温度升高会促进果蔬的呼吸作用，温度波动也会促
使呼吸作用加强。因此，果蔬不产生冷害或冻害的情况
下，贮藏温度越低越好。果蔬预冷时，在不产生低温伤
害的情况下，要尽快使果蔬品温达到最佳贮藏温度。二
是湿度。表面轻微干燥的果蔬比表面湿润的果蔬更能抑
制呼吸作用。如贮运湿度过高，会加强柑橘的呼吸作
用。三是气体。呼吸作用是一个消耗氧气、产生二氧化

碳的过程，所以适当降低贮藏环境中的氧气浓度，提高二氧化碳浓度，可以抑制果蔬的呼吸作用。乙烯等气体会促进呼吸跃变型果蔬呼吸高峰的出现。脱除乙烯等有害气体，可以抑制果蔬呼吸作用，延缓后熟衰老进程。四是机械损伤。挤压、碰撞、破皮等机械损伤会增强果蔬的呼吸作用，缩短贮藏寿命。

（2）影响蒸腾作用的因素

蒸腾作用主要受 4 个因素影响：一是表皮组织。果蔬表皮较厚的角质层或蜡质层一定程度上可限制水分蒸腾，如苹果、李子。二是温度。温度越高水分蒸腾越快。三是相对湿度。相对湿度越低水分蒸腾越快，而相对湿度与温度也有关系。四是空气流动速度。空气流速越大，水分蒸腾越快。

温度高
湿度大
氧气多
损伤多

促进呼吸

表皮薄
温度高
湿度小
空气流速大

水分蒸腾

果蔬"出汗"是怎么回事?

　　果蔬的贮藏过程中经常会发生"出汗"现象,即果蔬表面潮湿,甚至出现微小水滴,这种现象也称为结露。果蔬"出汗"以后,其表面凝结的水珠和二氧化碳发生作用,形成微酸性的条件,有利于真菌的生长、繁殖,促进病原菌的传播、侵染,使果蔬更容易腐烂。在实际生产中,库内温度波动、包装太大、堆集过密、通风散热不好、薄膜封闭贮藏、预冷不彻底、入库或出库时温差大等不当操作,都容易造成果蔬"出汗"。

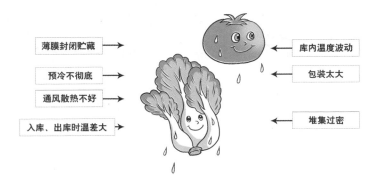

果蔬采收后常见生理性病害有哪些?

　　果蔬采收后,常见的生理性病害包括冷害、冻害和气体伤害。

(1) 冷害

冷害是指果蔬在高于其细胞冰点的不适宜低温条件下产生的生理代谢失调。冷害症状主要表现为腐烂、变色、凹陷或不能正常完熟，果蔬种类、品种、成熟度、形状、大小不同，冷害症状各异。冷害在贮藏过程中更容易发生，而且经常发生，应当引起足够重视。如对原产于热带、亚热带的果蔬，低于一定贮运温度将产生冷害。

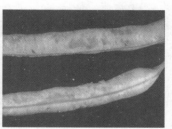

香蕉冷害　　　　　　　豆角冷害

(2) 冻害

冻害是指环境温度低于果蔬组织细胞液的冰点温度，使细胞组织内结冰。应特别注意，果蔬冻结后不能翻动，更不可时冻时化；否则，回温后变褐和发软，继而腐烂。

梨冻害

8

(3) 气体伤害

气体伤害是指在气调贮藏中，因气体调节不当或热天运输通风不畅发生的伤害。气体伤害主要包括低氧（O_2）伤害和高二氧化碳（CO_2）伤害、氨气（NH_3）伤害和二氧化硫（SO_2）中毒。低氧伤害和高二氧化碳伤害的症状相似，果蔬表皮组织局部塌陷、褐变、软化，不能正常成熟，产生酒精和异味。氨气伤害是指氨气与贮藏果蔬接触引起的果蔬变色或中毒现象，伤害的程度取决于氨气的浓度和泄漏持续时间。不同果蔬氨气伤害症状不同，如马铃薯氨气伤害症状是表面出现黑褐色凹陷斑，内部发生变色或水肿。

苹果高二氧化碳伤害　　　　　马铃薯氨气伤害

 果蔬采收后常见侵染性病害有哪些？

果蔬采收后的侵染性病害非常多，以柑橘和香蕉为例。

（1）柑橘采后侵染性病害

柑橘采后经常发生的侵染性病害是青霉病和褐色蒂腐病。

●柑橘青霉病症状　果实软化水渍状褪色，呈近圆形斑，手轻压极易破裂，白色气生菌丝后分生青霉。青霉病在贮藏前期发生，烂果不黏附包装纸。

●柑橘褐色蒂腐病（焦腐病）症状　果蒂周围出现水渍斑、软腐，病部果皮暗紫褐色，无光泽，指压果皮易破裂撕下；蒂部腐烂后，病菌很快进入果心，有棕褐色黏液溢出；剖开果心，可见黑色病斑。

 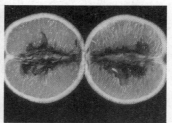

柑橘青霉病　　　　　　柑橘褐色蒂腐病

（2）香蕉采后侵染性病害

香蕉采后侵染性病害主要有炭疽病和冠腐病。

●香蕉炭疽病症状　果皮上出现细小的圆形淡褐色斑点，稍凹陷，初期细小斑点油渍状，后扩大成褐斑，连成片，病部产生许多朱红色黏质小点，可接触传染。

●香蕉冠腐病症状　蕉梳切口、伤口发病，出现褐色斑点或白色棉絮状菌丝，病斑边缘水渍状，严重时蕉指脱落，果皮爆裂，蕉内僵死，不易催熟。

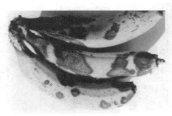

香蕉炭疽病

香蕉冠腐病

项目二
常用的果蔬贮藏设施

7 什么是贮藏窖?

贮藏窖通常指建在地下的井窖、土窑洞等。贮藏窖通常是对传统的窑、窖加以改进，完善其通风降温功能。传统贮藏窖商业性贮藏保鲜主要用于苹果、梨、马铃薯和红薯等。优点是投资少，耗能低，贮藏效果较好，比较适合目前我国北方地区的农村经济和生产力水平；如果辅助机械

土窑洞

制冷，可以使苹果、梨等果蔬达到简易冷藏库的保鲜效果。缺点是保鲜时间中等，有一定的损耗，应用受地域或场所局限。

8 什么是通风库？

通风库是我国北方地区的传统贮藏设施，是一种具有保温隔热、采取自然通风和机械通风相结合，从而适当降低库内温度的贮藏设施。通风库分类方式较多，按通风方式分为自然通风和机械通风两种。

自然通风库　　　　　　　　　机械通风库

通风库的优点是降温比井窖快，与冷库相比，库体与设备投资可节省 60%，节能 90%。通风库的缺点是温度易受外界气候影响，只能保鲜大宗耐贮果蔬，管理费工，周年利用率较低。

早晚温差较明显、自然通风效果良好的地方都适合建设通风库。在北方地区，北纬 36°以北是较好的地带，也就是我们常说的"三北"（华北、西北和东北）地区都可以。但如果建设地点的地势较洼，常年风力很小，则不适宜建设通风库。在南方地区，最好把通风库建设在山边或接近水源的地方，或加装轴流风机进行强制通风，以保证通风的效果。

9 什么是冷藏库？

冷藏库又称冷库，是利用降温设施创造适宜的湿度和低温条件的仓库，用于加工、贮存农产品。冷藏库常见分类如下：

(1) 根据工作库温要求分

可分为高温库、低温库和冻结库。高温库的库温范围是 -5～10℃，主要用于果蔬、蛋类、药材的贮藏。低温库的库温范围是 -23～-28℃，主要用来贮藏肉类、水产品及适合该温度范围的其他产品。冻结库的库温范围是 -28～-35℃，主要用于食品的快速冻结。

(2) 根据库体结构类型分

可分为土建式冷库和组装式冷库。

(3) 根据制冷设备选用的制冷剂分

可分为氨冷库和氟利昂冷库。氨冷库指制冷系统采用氨作为制冷剂的冷库。氟利昂冷库指制冷系统采用氟利昂作为制冷剂的冷库。

值得注意的是，为了节约投资，可利用闲置房屋或砖窑洞等原有

组装式冷库

贮藏设施，增加保温处理和制冷设备，改建为简易冷藏库。

冷藏库的优点是能减少果蔬采后损失，是调节果蔬全年均衡供应的最有效手段。其缺点是库内温度一般波动±0.5℃，果蔬易结露、失水；与通风库相比，耗电量大、建库费用大，需要一定的专业技术。

10 什么是气调库？

气调库是在机械冷藏库的基础上，增加能够调节气体成分的设备或装置，通过对贮藏环境中温度、湿度、二氧化碳浓度、氧气浓度和乙烯浓度等条件的控制，实现果蔬贮藏保鲜。气调库的商业化贮藏主要用于苹果、梨、香蕉、猕猴桃等水果保鲜。

气调库适合大中型贮藏企业，发达国家已经商业化普及。其缺点是造价高，正常运行与维护费用高，贮藏后期果蔬风味有一定影响。气调库具有广阔的发展前途，但受造价和运行成本高的影响，我国现阶段在农村大量推广还有局限性。

项目三
果蔬贮藏保鲜实例

 马铃薯采后有哪些生命活动？

马铃薯采收后除了呼吸作用、水分蒸腾外，还会发生愈伤和休眠。马铃薯愈伤是指马铃薯表面碰撞形成的伤口具有自动愈合的能力。休眠是指采收后马铃薯生理

马铃薯休眠

活动变慢，新陈代谢降低，呼吸作用变弱，水分蒸腾减少，生命活动进入相对静止状态。处于休眠期的薯块，自身养分消耗量减少，对马铃薯贮藏保鲜来说，休眠是一种有利的生理现象。

 马铃薯贮藏期间容易发生哪些病害？

(1) 生理性病害

马铃薯贮藏期生理性病害主要是冷害、冻害、青皮、发芽和热伤等。马铃薯的冷害温度是 0.5 ℃ 左右，主要症状是表皮出现凹凸斑，内部组织发生褐变，进而腐烂。大部分冷害症状在低温环境或冷库内不会立即表现出来，而是产品运输到温暖的地方才显现出来。因此，冷害所引起的损失往往比预料的严重。在外界温度降至 0 ℃ 以下时，马铃薯易发生冻害。病害症状为组织冰冻，解冻后发生褐变，汁液外流，组织软化腐烂，失去商品价值和食用价值。青皮指马铃薯在贮藏过程中表皮变青，变青的马铃薯往往伴随着毒素的生成，过量食用使人出现中毒现象，光照变青是主要因素。马铃薯发芽的温度是 10～20 ℃，发芽的马铃薯不再适于鲜食或加工。在马铃薯运输、包装、贮藏期间，任何能使马铃薯表面组织温度升高到 48.9 ℃ 或更高的因素都能使其发生热伤。

(2) 侵染性病害

马铃薯贮藏期侵染性病害主要有干腐病、晚疫病、黑胫病、软腐病、黑痣、疮痂等。干腐病发病初期仅薯块表皮局部颜色变褐，随块茎失水率增加，表面皱缩、凹陷，后期薯肉坏死，内部组织腐烂，常形成空腔，且腔内长满不同颜色的菌丝。

干腐病的薯块表面

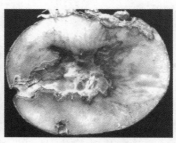
干腐病的薯块内部

马铃薯黑胫病染病始于脐部，呈放射状向髓部扩展。病部黑褐色，横切可见维管束亦呈黑褐色，用手压挤皮肉不分离。湿度大时，薯块变为黑褐色，腐烂发臭。

马铃薯黑胫病

 马铃薯采后贮藏的操作流程是什么样的?

无伤适时采收→晾晒（半天左右）→运输→于通风良好的室（棚）内挑选剔除伤、病、烂块茎→分级→预贮→装箱或装袋→入库贮藏

马铃薯贮藏前要做哪些处理？

马铃薯贮藏前要进行挑拣、分级和预贮。

(1) 挑拣

剔除病、烂、伤等不合格薯，避免其混入合格薯中，引起腐烂，并导致病害传播，造成烂窖。马铃薯贮前挑拣必须做到"六不要"，即"带病不要，带泥不要，有损伤不要，有裂皮不要，发青不要，受冻不要"。

(2) 分级

根据不同品种、大小、成熟度、损伤度等，以及市场的不同需求、不同用途，对收获后的马铃薯进行分级处理。把不同级别的马铃薯分开贮存，以便于区分、贮藏和运输；同时，减轻病害的传播，可以提高马铃薯的经济效益。

(3) 预贮

一方面，可以促进薯块伤口的愈合，加速其木栓层的形成，提高薯块的耐贮性和抗病菌能力；另一方面，能够迅速除去薯块表面的田间热和呼吸热，使其达到适宜贮藏的状态。马铃薯预贮方法有室外预贮与室内预贮两种。

① 室外预贮。将挑拣分级后的马铃薯置于阴凉、通风的场所堆放贮藏，薯堆高 0.5 米左右，长、宽不超

过2米，上面用苇席或草帘遮光。预贮的适宜温度为10～18℃，时间为5～7天，可根据空气的干燥程度适当调整时间。夏收马铃薯如果无法达到上述预贮温度，可先摊放在避光通风处2～4天，然后再入窖堆放或装袋贮藏。

②室内预贮。在通风良好、具有强制通风系统的贮藏设施内，每天坚持在外界气温较低时进行一定时间的通风，贮藏量大，通风时间长；设施设计通风量大，通风时间就短。

室外预贮　　　　　　　　　　室内预贮

 各类马铃薯贮藏时的温度条件是什么?

(1) 种薯

贮藏时间一般较长，贮藏期间发芽会明显降低播种后的马铃薯产量。因此，应尽量选择库温比较稳定、控温性较好的贮藏设施。种薯最佳贮藏温度为2～4℃。如果无法控温，应把种薯转入有零星散射阳光的地方贮藏，抑制薯芽的生长速度。

（2）鲜食薯

要在黑暗且温度较低的条件下贮藏，最佳贮藏温度为 4～6 ℃，防止马铃薯发芽以及受光照变绿后产生毒素。

（3）加工薯

用于加工淀粉、全粉或炸片、炸条的马铃薯，都不宜在太低温度下贮藏。低温贮藏固然使马铃薯不发芽，然而淀粉转化为还原糖，后者会使马铃薯在炸片、炸条加工中出现褐色，影响产品质量和销售价格。加工薯长期贮藏适宜温度为 6～8 ℃。

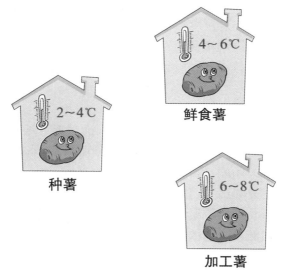

不同用途的马铃薯适宜的环境温度

马铃薯的贮藏期管理技术要点有哪些?

在马铃薯的不同贮藏阶段，管理技术要点存在差别。

(1) 贮藏初期

贮藏开始的第一个月，主要加强通风，及时除湿、散热和降温，防止库（窖）和薯堆内部温湿度过高。对于自然通风库（窖），应利用夜间低温，通过打开通气孔、库（窖）门进行自然通风；对于强制通风库（窖），应利用夜间低温，通过机械通风设备和通风系统进行强制通风换气，温湿度控制通过内部和外界空气互换或内部空气循环流动来实现；对于恒温库，应逐步降温至适宜的温湿度范围，同时每天进行适当通风。

(2) 贮藏中期

对于自然通风库（窖）和强制通风库（窖），应尽量控制库（窖）内温湿度处于适宜范围。当外界温度较低时，应关闭库（窖）门和通气孔，必要时加挂保温门帘，或在薯堆上加盖草帘吸湿、保温，或使用加热设备，确保马铃薯贮藏温度不低于1℃，以防冻害、冷害发生。在温度适宜的天气，适量通风。对于恒温库，在控温和控湿的同时，应适当通风。

(3) 贮藏末期

对于自然通风库（窖）和强制通风库（窖），出库（窖）前1个月，最大限度地减少外界温度升高对库（窖）内温度的影响。自然通风库（窖）应利用夜间低温，通过通气孔、库（窖）门进行自然通风；强制通风库（窖）应利用夜间低温，通过机械通风设备和通风系统进行强制通风换气。出库（窖）前，应缓慢升温，使不同用途的马铃薯回温至适宜的出库温度。对于恒温库，出库前，应利用控温系统使不同用途马铃薯的薯温逐步升高到适宜出库温度，每天升高温度0.5~1℃。

 马铃薯贮藏设施（贮藏窖）应如何管理？

定期检查库（窖）体有无鼠洞。若发现鼠洞，应及时进行堵塞。检查库（窖）周围的排水情况，注意防止雨水、地下水渗入窖内。检查库（窖）体结构，发现库（窖）体裂缝、下沉等涉及安全的问题，应及时处理。经常维护库（窖）内照明、风机、温湿度监测等设备。

 蒜薹贮藏保鲜适合哪种方法？

蒜薹属于非呼吸跃变型蔬菜，采收后呼吸作用很强。贮藏期内，花茎（薹条，或称"梗"）部分的养分不断向花序部分转移，薹苞膨大，薹条糠心、纤维化、卷曲。常温下15天左右会开苞、老化，失去商

品价值。"低温＋气调"不仅抑制蒜薹采收后的呼吸作用，还能抑制其生长，是最为有效的蒜薹贮藏保鲜方法。

不同品种蒜薹的耐贮性差异较大，苍山4～6瓣蒜和亳州白皮蒜的蒜薹耐贮藏，贮藏期是8～12个月；金乡白皮蒜的蒜薹贮藏期是4～5个月；江苏、陕西、辽宁等省的蒜薹贮藏期在上述两者之间。

 蒜薹贮藏期间容易发生哪些病害？

蒜薹采收后以生理性病害居多。因常采用气调贮藏，蒜薹贮藏过程中常发生气体伤害。蒜薹高二氧化碳伤害症状是发病初期薹条出现黄色小斑点，继而扩大凹陷，薹条呈水浸（煮）状，薹梢深褐色。蒜薹低氧伤害症状是薹梢湿腐，薹条变甜或有酒精味。蒜薹高氧和低二氧化碳伤害症状是薹苞膨大，薹条糠心、卷曲。另外，蒜薹易发生热伤病害。

蒜薹采收以后的主要病害是灰霉病，常由伤口、病伤组织侵入。发病顺序一般为薹梢坏死部分之后向薹苞发展，菌落由白变灰黑色，并由薹条基部逐渐向上发展。

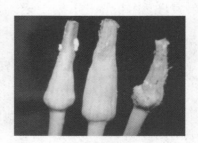

蒜薹灰霉病

装配式冷藏库贮藏蒜薹的操作流程是什么样的？

蒜薹贮藏多采用装配式冷藏库。其贮藏操作流程如下：

无伤适时提薹采收→及时运输到贮藏场所→分级→挑选（剔除伤、残、病薹）→整理（去叶鞘、剪齐基部）→捆把（每把 1 千克左右，近薹苞处捆扎）→检查保鲜袋漏气情况→随捆随装于保鲜袋中（每袋中蒜薹重量相同，装袋时薹梢向外）→及时入库→敞开保鲜袋袋口→于 −1～0 ℃ 预冷→防腐处理（TBZ 烟剂熏蒸）→当薹条温度达到 0 ℃ 时扎紧袋口→于 −0.5～0 ℃ 贮藏→定期测定袋内气体成分依照气体指标（氧气＜1% 或二氧化碳＞12%）开袋放气→注意观察库温及薹苞、蒜薹基部的变化，如有问题立即处理

 蒜薹贮藏时温度、湿度和气体条件是什么？

- 温度　−0.5～0 ℃；
- 相对湿度　90%～95%；
- 气体浓度　氧气 2%～3%，二氧化碳 6%～8%；
- 贮藏期　4～10 个月；

- 冰点　-0.8～-0.7℃；
- 气体伤害　氧气＜1%或二氧化碳＞12%。

 蒜薹贮藏保鲜的注意事项有哪些?

(1) 田间管理

采前不宜灌水，采收期遇雨、氮肥用量大等不利于贮藏。

(2) 采收

蒜薹早采，影响产量也不利于贮藏，晚采抽不出来薹、开苞或纤维化。一般蒜薹总苞下部变白，顶部开始弯曲时采收。值得注意的是，采用划薹方法采收的蒜薹，机械损伤大，不适于贮藏；喷施三十烷醇或黄斑病重的蒜薹不宜用于贮藏。

(3) 堆放

蒜薹采收后不要于阳光下直射，避免堆积发热，薹梢发黄。

(4) 整理

贮藏用蒜薹一定要去掉叶鞘，剪齐基部，否则毛苴既易老化又易生霉。薹梢打结的要解开。捆把0.5～1千克大小，不能太紧。薹条长度不少于300毫米，直径大于3毫米，否则不耐贮藏。

(5）保鲜袋漏气检查

蒜薹贮藏用袋绝对不允许漏气，装薹前要仔细检漏，破口可用塑料胶带粘牢。

(6）装量

保鲜袋规格有两种：尺寸是 1 100 毫米×600 毫米的保鲜袋装量是 15 千克，尺寸是 1 100 毫米×700 毫米的保鲜袋装量是 20 千克。装量误差应小于 5%。

(7）扎口

扎口时间要统一，扎口时袋口要保留一定空间，保证薹梢蓬松。

(8）测气

最好采用氧气和二氧化碳测定仪测气。当氧气<1%或二氧化碳>12% 时，及时开袋放气 4～5 小时。经验法：打开袋口可闻到香味或轻度酒味时，即应开袋放气。

(9）防腐

为预防灰霉病，贮藏蒜薹的库房一定要消毒，用 TBZ 烟剂熏蒸，每 100 米^3 为 3～5 克。

 **大白菜贮藏保鲜适合哪种方法？**

大白菜属于呼吸跃变型蔬菜，采收后呼吸作用很强，呼吸过程中释放乙烯，加速大白菜采收后的脱帮

(白菜叶片脱落)、黄化和腐烂。失水萎蔫是大白菜贮藏的另一个主要问题，增加湿度可降低失水，但会增加脱帮和腐烂。"低温＋适宜湿度＋及时除去乙烯气体"是大白菜贮藏保鲜的关键。

不同品种大白菜耐贮性差异较大，中熟、晚熟品种比早熟品种耐贮藏，青帮类比白帮类耐贮藏，青白帮介于二者之间。如北方的大青帮、青帮河头，北京的青口，河北的玉田包尖等均耐贮藏。

大白菜贮藏期间容易发生哪些病害？

（1）生理性病害

大白菜生理性病害主要是冻害。主要原因是白菜前期温度过低，当贮藏后期温度回升后，大白菜冻害症状开始显现，主要是不同程度的脱水，轻者只是部分白菜脱水、腐烂，重者整窖白菜变味、腐烂。

（2）侵染性病害

大白菜侵染性病害主要是黑斑病。叶片发病多从外叶开始，初期产生近圆形褪绿斑，后扩大变为灰褐色或褐色病斑。病斑上有同心轮纹，病斑周围有黄色晕圈。

大白菜黑斑病

大白菜贮藏操作流程及温度、湿度条件是什么？

(1) 操作流程

八成熟无伤采收→及时运输→整理包叶→降温→及时入库贮藏

(2) 贮藏条件

- 温度 0℃;
- 相对湿度 85%～90%;
- 气体浓度 氧气 1%～2%;
- 贮藏期 3～4 个月;
- 气体伤害 乙烯>1 毫克/米^3。

 大白菜贮藏的注意事项有哪些？

(1) 灌水

采前 7 天停止灌水，遇雨要推迟收获。

(2) 采收

大白菜的成熟度和其耐贮性有一定相关性，应适时采收以提高耐贮性，八成熟最好，充分成熟时"心口"过紧，反而不利于贮藏。

（3）防脱帮

采前 2～7 天喷洒 10～15 毫克/升 2,4 - D；或采后用 200～500 毫克/升萘乙酸喷洒或浸根处理。

（4）码垛

通常采用双行菜垛，宜采用货架或装箱，每层不超过 3 颗，或菜棵向上直立摆放。

（5）通风

贮藏期间要保持通风透气。

 苹果贮藏保鲜适合哪种方法？

苹果是典型的呼吸跃变型水果，采后呼吸作用很强，会消耗苹果中的淀粉、糖、果胶和有机酸，使苹果

穿上它，你就能够和我一样新鲜！

在贮藏过程中变绵、变软，长期贮藏时风味变淡。"低温＋自发气调"是我国苹果贮藏中最常用的方法。所谓的自发气调是指不用气调库，通过塑料薄膜帐或塑料小包装，调节贮藏环境中氧气和二氧化碳的浓度。苹果含水量达到 80%～85%，采收后呼吸作用会带走水分，使果皮易失水皱缩，发生失鲜。

不同品种苹果耐贮性相差很大。红富士、小国光、秦冠等晚熟品种较耐贮藏，如红富士苹果推荐贮藏期为 5～7 个月。元帅系等中熟品种次之，红星系、北斗、乔纳金等中晚熟品种后熟易发绵，多作为中短期贮藏，早熟品种一般只进行周转贮藏。

 苹果贮藏期间容易发生哪些病害？

(1) 生理性病害

苹果贮藏期间的生理性病害主要是低氧伤害和高二氧化碳伤害以及虎皮病、苦痘病。

● 苹果低氧伤害和高二氧化碳伤害症状　果肉果心局部组织出现褐色小斑块，最后病变部分果肉失水成干褐色空腔，食之有苦味。

● 苹果虎皮病症状　初期果皮呈淡黄褐色，后期逐渐变深，形成不规则微凹陷状，果皮易破裂，严重时病斑连片，呈烫伤状。

● 苹果苦痘病症状　发病初期果皮下果肉褐变，果面出现颜色稍暗的凹陷圆斑，绿色品种呈深绿色，红色品种呈紫红色，发生部位靠近果顶。斑下果肉坏死干缩，深达皮下数毫米至 1 厘米，味微苦。后病斑继续下陷，变为深褐色至黑褐色。

苹果虎皮病

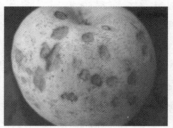
苹果苦痘病

(2) 侵染性病害

苹果贮藏期间的侵染性病害主要是青霉病、褐腐病和轮纹病。

● 苹果青霉病症状　最先发病部位局部腐烂、湿软，呈黄白色，条件适宜时发展迅速，10 天后全果腐烂，有特殊霉味，空气潮湿时病斑表面产生青绿色霉菌。

● 苹果褐腐病症状　发病后果面先出现浅褐色软腐状小斑，随后迅速扩散，造成全果腐烂。病果表面仍保持饱满状态，并有一定弹性，果面可生出灰白色同心圆排列的菌落。

苹果青霉病

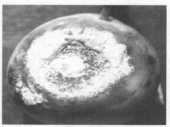
苹果褐腐病

● 苹果轮纹病症状　侵染处有淡褐色同心轮纹，病部稍隆起。

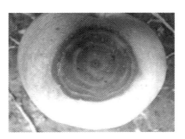

苹果轮纹病

 简易冷藏库贮藏苹果的操作流程是什么样的？

库体及包装物清洁、消毒→冷库提前降温→八五成熟时精细采收→果实分级并严格挑除病虫、机械伤果实→装入包装箱内垫衬的塑料袋内→快速预冷→扎口封箱→合理堆码或上架→控制适宜温度（温度应控制在−1～0℃）→适时通风排除库内乙烯→适时出库销售

 苹果贮藏时温度、湿度和气体条件是什么？

● 温度　−1～0℃；
● 相对湿度　90%～95%；

● 气体浓度　根据苹果种类不同存在差异，红富士系氧气 3%～5%、二氧化碳 1%～2%，元帅系氧气 2%～4%、二氧化碳 3%～5%，金冠系氧气 2%～3%、二氧化碳 6%～8%；

● 贮藏期　2～11 个月；

● 冰点　－1.5～－1℃；

● 气体伤害　红富士苹果二氧化碳＞2%、国光苹果二氧化碳＞5%。

 简易冷藏库贮藏苹果的注意事项有哪些?

（1）田间管理

用于长期贮藏的苹果采前 10～15 天不宜施肥或灌溉。

（2）采收

用于长期贮藏的果实应适当早采，八五成熟时采收较好。此时果实种子基本变褐，果实内淀粉基本消失，硬度较好。

（3）冷库消毒、降温

为减少侵染性病害，果实入库前要提前对库体进行消毒。果实入库前两天开启制冷机，将库温降至－2℃。

（4）预冷、分级

苹果长期贮藏时，应先分级再贮藏，出库上市前按采购商要求进行其他商品化处理，如清洗、打蜡等。苹果采收以后要及时预冷，从采收到预冷不宜超过 48 小时。

(5) 包装

建议装箱贮藏，箱内配有塑料袋，红富士苹果宜用微孔袋扎口或地膜在箱内垫衬折口，防止二氧化碳伤害；元帅系苹果、乔纳金苹果、金冠苹果、嘎拉苹果可用苹果专用硅窗保鲜袋扎口贮藏，但是装量需要试验。

(6) 码放

塑料周转箱热量交换好，码垛密度可适当大些。纸箱包装时，箱上必须设计通气孔。垛间和箱间留有通道和间隙，并考虑纸箱的承重，防止下层箱内果实被压伤或塌垛。如果是有货架的冷库，果箱可直接放在货架上。

(7) 通风

苹果贮藏期间会释放出大量乙烯，并加速果实的衰老，同时诱发和加重虎皮病的发生。因此，要适时通风，排除库内乙烯。

 柑橘类水果贮藏保鲜适合哪种方法？

柑橘类水果主要包括橘类、柑类、橙类、柚子和柠檬等。柑橘类水果属于非呼吸跃变型果品，但对二氧化碳比较敏感。因此，"低中温度＋低湿＋低氧气＋低二氧化碳"是多数柑橘类水果的贮藏方法。

不同种类的柑橘类水果耐贮性不同。耐贮性排序：柚、柠檬＞橙类＞柑类＞橘类；晚熟品种＞中熟品种＞早熟品种。如柠檬贮藏期4～6个月，甜橙贮藏期3～5个月，椪柑贮藏期3～5个月，蜜橘贮藏期2～3个月。

柑橘类水果贮藏期间容易发生哪些病害？

（1）生理性病害

柑橘类水果贮藏期生理性病害主要有褐斑病、水肿病和枯水病。

● 柑橘褐斑病症状 褐斑病是低温引起的病害。发病初仅在果皮油胞层显出褐色革质病斑，最后达到果肉，使果肉变质产生异味；在果皮上出现网状、片状、点状等不规则褐斑。

柑橘褐斑病

● 柑橘水肿病症状 水肿病由不适宜低温或二氧化碳积累过多引起。整个果皮及果肉组织呈浅褐色水渍状浮肿，后转为深褐色，果肉有酒精气味，完全失去商品价值。

● 柑橘枯水病症状 枯水病多发生在贮藏后期，果实外观完好，但重量明显减轻，剖视则见其囊肉干缩失水，果汁淡而无味。采收期较迟或雨水多、发汗期短、贮藏期湿度过高，都是导致枯水病发生的重要原因。

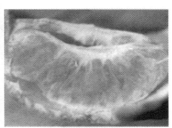

柑橘水肿病　　　　　　　　柑橘枯水病

（2）侵染性病害

柑橘采后机械伤是引起病原菌侵染并导致腐烂发生的主要原因之一。柑橘类水果贮藏期的侵染性病害主要有青霉病、酸腐病、蒂腐病、黑腐病和炭疽病等。

● 柑橘青霉病症状　多自果实伤口或蒂部开始发生，病斑初呈水渍状软腐，圆形，后在表面产生白霉状菌丝，并在其上出现青色的粉状霉层，外围有一层白色霉带，高温高湿条件下可引起全果腐烂。

● 柑橘褐色蒂腐病症状　病斑初为水渍状黄褐色，后逐渐变成深褐色。高湿时果心产生白色棉絮状菌丝。果心腐烂较果皮快，当果皮腐烂到果面 1/3～1/2 时，果心全部腐烂，因此又名“穿心烂”。

● 柑橘炭疽病症状　在贮藏期间可产生果腐型、干斑型两种症状。果腐型症状多在贮藏期湿度大时产生。发病多从果蒂部或其附近部位开始，病斑初为淡褐色水渍状，后呈褐色至深褐色腐烂并逐渐扩展至全果，果皮腐烂较果肉快。干斑型症状在空气较干燥时产生。病斑圆形,黄褐色至深褐色,凹陷,坚硬,革质,仅限于果皮而不侵害果肉,成为干疤状。湿度大时,干斑型可发展为果腐型。

柑橘炭疽病

 通风库贮藏柑橘类水果的操作流程是什么样的?

柑橘种类和品种较多,贮运特性各有不同。总的来说,柑橘类果实属于喜温性果品,贮藏温度相对较高。所以,在我国四川、江西等自然冷源相对充沛的地区,可用通风库进行贮藏。

贮藏柑橘的通风库

通风库贮藏柑橘的操作流程为:

成熟时精细采收→液体保鲜剂处理,晾干浮水→预贮3~4天(以果实失重率达2%,用手轻压果实,感觉果皮稍软化,有弹性时为宜)→微膜袋单果包装→装箱→库房及包装物清洁、消毒→冷库提前降温→适宜温度和相对湿度→适时出库销售

35 柑橘类水果贮藏时温度和湿度条件是什么？

柑橘类水果种类繁多，不同种类的适宜贮藏条件见下表。柑橘类水果的气体伤害是氧气＜3％或二氧化碳＞5％。

柑橘类水果贮藏温湿度条件

种类	子 类	贮藏条件	
		温度（℃）	相对湿度（％）
柑	椪柑、芦柑、蜜柑、杂柑	5～6	85～90
橘	沙糖橘、南丰橘、马水橘、金橘	3～5	85～90
	红橘	10～12	80～85
橙	甜橙（红江橙、锦橙，冰糖橙，血橙）	5～7	90～95
	脐橙（纽荷尔、华盛顿、朋娜、奈维琳娜）	4～8	
柚	西柚	12～13	75～85
	沙田柚	6～8	
	蜜柚	7～9	
柠檬	柠檬	12～13	85～90
	莱姆	9～11	

通风库贮藏柑橘类水果的注意事项有哪些?

（1）确定采收期

贮藏用柑橘类水果八至九成熟时采收为宜，即60%～70%果皮颜色转黄，较正常采收期提前3天。过早采收不耐贮藏且风味不好，过晚采收易患油斑病。

（2）采收

采收时果实应具有品种固有的果形、硬度、色泽、风味等特征。宜早晨采收，避免高温烈日采收，雨后、早晨露水未干时禁止采收。采收时要保留果柄、果蒂，轻拿轻放，谨防机械损伤。

（3）装运

装箱和运输过程中，应尽量减免机械损伤。

（4）预贮

果实采后不宜直接进库，让柑橘适当失水、愈伤，以利于贮藏。预贮时间一般为3～6天，宽皮橘类7～10天，多雨年份预贮时间要适当延长。判断方法是以手轻压果实，果皮已软化，但仍有弹性。

（5）清洁、消毒贮藏场所

对使用多年且有腐烂果实沾染严重的简易贮藏场所，必须认真消毒。

（6）防腐处理

柑橘类水果长期贮藏时，对果实进行必要的防腐处理是目前生产中常用的方法，但使用的防腐保鲜剂应符合国家有关卫生标准。

（7）控制适宜温度和相对湿度

加湿时应注意防止果箱回潮，否则可能发生果箱软化变形甚至果垛垮塌。

（8）通风换气

柑橘类水果贮藏时要注意通风换气，一般每隔7～10天通风换气1次，以保持贮藏环境的空气新鲜，防止低氧、高二氧化碳及乙醇、乙醛、乙烯等气体伤害。

采收时要保留果柄、果蒂！

 葡萄贮藏保鲜适合哪种方法？

葡萄颗粒采收后没有呼吸跃变，属于非呼吸跃变型果实。但穗轴、果梗不仅有呼吸跃变，而且呼吸强

度是葡萄果实的 8～14 倍。因此，葡萄保鲜不仅要考虑颗粒的食用品质，还要注意穗轴和果梗的保绿。葡萄采收以后蒸腾作用旺盛，贮藏过程中易失水，失水达到一定程度会出现果实表面光泽度降低、内部组织细胞空隙变大且趋向海绵状等问题。落粒是贮藏过程中葡萄果粒自果穗上脱落的不良现象，巨峰、里扎玛特和无核白葡萄采后落粒现象较严重。鲜食葡萄上市季节气温偏高，采后各种代谢强烈，"低温＋高湿＋防腐保鲜剂"是葡萄长期贮藏较为常用的方法。不同葡萄品种耐贮性相差较大。总的来说，晚熟品种耐贮性好于早、中熟品种，如龙眼、粉红太妃＞红地球、黑提玫瑰香、巨峰＞马奶、无核白、木纳格；有色品种耐贮性好于无色品种；糖酸含量高的品种耐贮性好于糖酸含量低的品种。龙眼、秋黑、玫瑰香、泽香、巨峰等贮藏期可达 4～6 个月；红地球葡萄贮藏期一般在 3～3.5 个月；马奶、木纳格、无核白等葡萄贮藏期在 3 个月以内。

38 葡萄贮藏期间容易发生哪些病害？

(1) 生理性病害

葡萄贮藏过程中最主要的生理性病害是二氧化硫伤害。为预防葡萄贮藏过程中侵染性病害的发生，通常采用二氧化硫防腐剂保鲜。但如二氧化硫使用不当，葡萄颗粒会被漂白，失去商品价值。

（2）侵染性病害

葡萄贮藏过程中最主要的侵染性病害是灰霉病。症状：果实凹陷皱缩，果皮易破裂，聚集大量的灰或黄的菌丝和孢子，使果实失去商品价值。

葡萄二氧化硫漂白　　　　　　葡萄灰霉病

39 装配式冷藏库贮藏葡萄的操作流程是什么样的？

葡萄贮藏多采用装配式冷藏库，不同品种的贮藏操作有差别。

红地球等对二氧化硫敏感品种的贮藏操作流程：

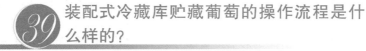

冷库及包装箱清洁、消毒→冷库提前降温→采前液体保鲜剂喷洒果穗→充分成熟时精细采收→装入包装箱内垫衬的塑料袋内→预冷（敞开袋口降温至产品温度为 0 ℃，库内相对湿度低时地面可适当洒水）→放置红地球葡萄专用保鲜剂→紧扎袋口→品温 −1～0 ℃贮藏→适时出库销售

其他葡萄贮藏操作流程：

> 冷库及包装箱清洁、消毒→冷库提前降温→充分成熟时精细采收→装入包装箱内垫衬的塑料袋内→预冷（敞开袋口降温至产品温度为 0 ℃，库内相对湿度低时地面可适当洒水）→放置专用的葡萄保鲜剂→紧扎袋口→品温－1～0 ℃贮藏→适时出库销售

 葡萄贮藏时温度和湿度条件是什么？

- 温度　－1～0 ℃；
- 相对湿度　90%～95%；
- 气体浓度　氧气 2%～3%，二氧化碳 2%～5%；
- 贮藏期　3～6 个月；
- 冰点　葡萄颗粒－2.2～－1.3 ℃，葡萄穗轴和果梗－0.7 ℃；
- 气体伤害　根据葡萄品种存在差异，巨峰葡萄二氧化碳＞3%，粉红太妃二氧化碳＞10%，龙眼二氧化碳＞15%。

 葡萄贮藏的注意事项有哪些？

(1) 田间管理

葡萄采前 10 天禁止灌水，否则贮藏期间裂果严重。用于贮藏的葡萄生长期内不应使用乙烯利等催熟剂。

（2）采收

用于贮藏的葡萄应适时晚采，葡萄应充分成熟，这是与多数水果的不同点。白粉病、霜霉病等病果不能用于贮藏，采收时要谨记。

（3）冷库提前消毒、降温

贮藏库及包装物要进行清洁、消毒；果实入库前两天开启制冷机，将库温降至 -2 ℃。

（4）包装

包装容器多采用有孔塑料筐、塑料箱和泡沫箱（如采用有固定三角柱或圆柱、箱底通风良好的多孔长方形塑料箱、筐）。葡萄装量以不超过 10 千克为宜，建议单层摆放，最多不超过两层。

（5）轻拿轻放

在采收、分级、包装、搬运过程中要做到轻拿轻放，保持葡萄果粉完整，避免机械损伤。

（6）预冷

葡萄采后要尽快预冷，预冷时间不宜超过 24 小时。其中巨峰葡萄预冷时间要更短，不宜超过 12 小时，否则贮藏时易干梗。葡萄预冷时须敞开包装袋口，预冷结束后要及时扎紧袋口。

(7) 保鲜剂 (纸) 使用

葡萄保鲜剂种类很多, 红地球等对二氧化硫敏感的葡萄品种, 一定要使用专用保鲜剂 (保鲜纸), 避免葡萄受到二氧化硫伤害。保鲜剂 (保鲜纸) 应严格按要求的量进行使用。保鲜剂 (保鲜纸) 切勿沾水, 否则药剂会迅速释放。

果蔬初加工

项目一
果蔬前处理技术

 为什么要对果蔬进行分级和包装？

分级是果蔬定价的基础，同时也便于收购、贮藏、包装、流通、销售及后续加工等。清理好的果蔬需要进行分选分级，按照果蔬的个体尺寸（长度、直径等）、形状、重量、密度、成熟度、色泽及内在品质分级。分级常与挑选、洗涤、干燥、打蜡、装箱等一起进行。分级的方法主要有两种，即人工分级和机械分级，应尽量避免损伤果蔬组织。

常规的分级机械按照物料的宽度、长度、电磁特性、光电特性、内部品质和其他性质分级，有圆筒分级机（适用于大多数球形果蔬）、辊轴分级机（外径分级）、回转带式分级机（直径分级）、重量分级机、光电分级机（果蔬表皮色泽与成熟度、糖分与维生素的关系进行品质分级）、图像处理分级机、近红外分选机、紫外分选机等。随着工业技术的发展，人工分级多用于形状不规则的果蔬和容易造成机械损伤的工序，如叶菜的分选。

 为什么要对果蔬进行预冷？常见的预冷方式有哪些？

预冷就是将采收的新鲜水果和蔬菜在运输、贮藏或加工以前迅速除去田间热和呼吸热的过程，预冷必须在产地采收后立即进行。预冷是成功贮藏果蔬的关键，也是果蔬冷链流通中必不可少的环节。预冷使果蔬减缓呼吸作用、蒸腾作用等生命活动，延长果蔬生理周期；减少采后出现的失重、萎蔫、黄化等现象；提高果蔬自身抵抗机械伤害、病虫害及生理病害的能力；预冷还可以减少冷藏运输工具和冷藏库的冷负荷。

常见的预冷方式有 5 种，包括自然冷却预冷、风预冷、差压预冷、冷水预冷和冰预冷。预冷方式的选择首先要考虑果蔬产品的种类，其次是市场需求和资金情况。

(1) 自然冷却预冷

自然冷却预冷是将果蔬放在阴凉通风的地方使其自

然冷却，例如北方许多地区果蔬采后在阴凉处放置一夜，利用夜间低温使之自然冷却。

(2) 风预冷

风预冷是将果蔬放在预冷室内，利用制冷机制造冷空气，再用鼓风机通入冷空气，使冷空气迅速流经果蔬产品周围使之冷却。有冷库便可采用此方法预冷。

(3) 差压预冷

差压预冷是利用包装箱一侧风机的抽吸作用，在包装箱两侧形成压力差，迫使冷空气按设计通道流经果蔬表面，将果蔬热量带走，使果蔬冷却。

(4) 冷水预冷

冷水预冷是以水为介质，将果蔬直接浸没于冷水中，或用冷水对果蔬进行喷淋冷却。

(5) 冰预冷

冰预冷是将冰块连同果蔬一起放入包装箱中，或将冰水混合物直接注入包装箱中，利用冰融化吸收热量，对果蔬进行预冷。

自然冷却预冷　　　　　　　风预冷

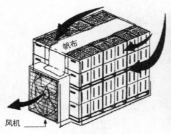

差压预冷

冷水预冷

冰预冷

项目二
果蔬干制

 为什么要对果蔬进行干制？

"干制"也称为"干燥"或"脱水"。果蔬干制就是在自然条件或人工调控条件下，使果蔬去除或者脱出一定的水分，使其水分含量降低到微生物难以生存和繁殖的程度，最终加工成初级商品如干果或干菜的过程。

果蔬等农产品一般在固定季节集中成熟，成熟后含水率较高，不能长期贮存，如果不及时干制，极易发生腐烂变质等。目前我国果蔬的规模化种植产量巨大，为了减少果蔬采后的巨大损失，使果蔬可以有效地长期贮藏，需要对果蔬进行干制。此外，果蔬等农产品在成熟期大批量集中上市，价格低廉，产品竞争力较弱。为了消化季节性剩余，提高产品的附加值，提高农民收入，也需要对果蔬进行干制。另外，一些果蔬产品，新鲜时含有一定对人体不利的有毒或有害物质，一般需要干制后再上市销售。如新鲜黄花菜含有有毒的秋水仙碱，新鲜木耳含有叶林类光感物质，这些农产品都需要干制后才能食用。

常见的干制果品有红枣、枸杞、杏干、开心果、葡萄干、核桃、芒果、无花果、花生和桂圆等。

红枣　　　　　　枸杞　　　　　　杏干

开心果　　　　　葡萄干　　　　　核桃

常见的干制蔬菜及其他特色农产品包括豇豆、黄花菜、木耳、花椒、香菇、辣椒、黑木耳、茶树菇、苦瓜、萝卜、山药、菊花、槟榔、百合、玫瑰花等。

豇豆　　　　　　黄花菜　　　　　黑木耳

香菇　　　　　　菊花　　　　　　槟榔

果蔬干燥主要有哪些方式？

果蔬干燥主要有单一干燥和联合干燥两种方式。单一干燥指根据物料的特性，以单一热源、方式或设备为主的干燥方式。联合干燥也称为"组合干燥"，指根据物料特性，将两种或两种以上干燥方式依据优势互补的原则，分阶段或同时进行的复合干燥技术，可分为串联、并联和混联3种形式。串联式组合干燥又称"分阶段组合干燥"，其特征是在不同的时间段中组合不同的干燥技术，如微波热风联合干燥；并联式组合干燥又称"同阶段组合干燥"，其特征是在相同的时间段中组合不同的干燥技术，如微波真空干燥；混联式组合干燥是串联和并联两种方式的混合，如热风-微波真空联合干燥。

 常用的干燥技术有哪些？

果蔬干燥技术主要有自然干燥、机械干燥两类。

(1) 自然干燥技术

自然干燥主要包括日晒、阴干（风干）等，是农业传统的干燥技术。自然干燥方法的优点是干制方法和设备简单，工艺简单实用，生产费用低，能在产地就地进行。缺点是干燥过程较缓慢，产品品质较差，受阴雨等不利气候影响，劳动生产率低，卫生安全性差，损耗大。

果蔬自然干燥

(2) 机械干燥技术

机械干燥主要包括热风干燥、辐射干燥、真空冷冻干燥等形式。辐射干燥又分为微波干燥、红外干燥等。

① 热风干燥。利用不同热源（如煤、石油、天然气、电、太阳能等）提供热量，将加热的空气通过风机吹入干燥室内形成热风，由热风将热量传递给物料，使物料表面水分和内部水分受热气化为水蒸气扩散到空气中，从而使物料干燥的技术。热风干燥的优点是操作简单易行、物料处理量大、成本低；缺点是干燥速度慢、品质较低。

② 微波干燥。利用微波为热源加热物料，将微波的能量转化为物料内部的热能，使物料温度升高，发生热化和膨化，从而快速脱水干燥。微波干燥的优点是干燥速度快、反应灵敏、热效率高；缺点是微波对人体有一定伤害，需防止微波泄漏。

③ 红外干燥。利用红外线为热源加热物料，使物料升温蒸发水分，从而达到干燥目的。红外干燥的优点是速度快、品质好，适合于颗粒状物料干燥；缺点是不适合结构复杂的物料，容易受热不匀。

常用的热风干燥设施有哪些？

　　我国在果蔬机械干燥中应用最广泛的技术是热风干燥，约占干制果蔬总量的90%。主要的热风干燥设施设备有普通烘房、热风烘房、多功能烘干窑、带式干燥设备、箱式干燥设备、转筒干燥设备、太阳能干燥设施等，其中适用于农户和合作社、应用较为广泛的是热风烘房和多功能烘干窑。

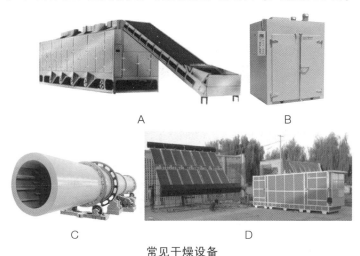

常见干燥设备

A. 带式干燥设备　B. 箱式干燥设备　C. 转筒干燥设备　D. 太阳能干燥设施

什么是普通烘房？

　　普通烘房是以辐射、传导与对流排湿相结合的方式进行干燥的设施。普通烘房主体结构一般为砖混结构，由烘干室、升温系统和排湿系统组成。操作方式为人工控制、批次作业。普通烘房主要适用于果品的烘干，优点是可就地取材建设、造价低、工艺粗放、生产成本低、对物料的适应性强、无电力供应地区也可以使用；缺点是因没有电控系统，以人工控制为主，其应用在逐渐减少。

使用普通烘房时应注意以下事项：

① 普通烘房在收获期前半个月建成后，在收获后可直接用于烘干，否则建成后需将烘房用小火烘烤，直至将房体内部全部烤干。

② 日常生产中应经常检查主火道及墙火道是否有裂缝、漏烟和炮火，随时进行处理以确保安全；检查主火道火坑面上是否掉落物料和易燃碎屑物，杜绝一切不安全因素。

③ 生产期结束后，应注意熄火，并清洁烘干室，同时将排湿口、检查口和门等封闭，以防止雨水进入。

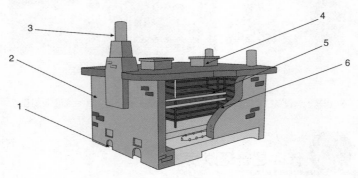

普通烘房

1. 供热系统 2. 墙体 3. 烟囱 4. 排湿系统

5. 加热室及烘架 6. 墙火道

49 什么是热风烘房？

热风烘房属于批式热风循环烘干设施，由供热系统、通风排湿系统、自控系统、物料室和加热室等组成。热风烘房最常用的热源是燃煤，但随着国家对环境保护的日益重视，燃煤加热式热风烘房的使用受限，开始出现以电（电加热式和热泵加热式）和太阳能为热源的热风烘房。燃煤加热式热风烘房具有热效率高，智能化程度高、操作简单，烘后产品品质好、水分均匀度高，适应性广等优点。

使用热风烘房时应注意以下几点：

① 切勿将手或异物插入运转的循环风机中。

② 在使用过程中，如发现异常噪声、冒烟和风叶不转等情况，应立即切断循环风机供电，请相关人员检查。

③ 每次烘干之前，检查接线插座是否连接完好，切勿使输出短路。

④ 检查任何带电设备之前，必须断开温湿度控制仪电源。

⑤ 烘干之前，务必正确安装控制仪备用电池，并接通电池电源。不可以新旧电池搭配使用。

⑥ 每次烘干结束，务必把温湿度控制仪切换到非运行状态并关闭电池。

⑦ 每次烘干季节结束，必须把温湿度控制仪放置在防潮环境下，取出备用电池。

热风烘房

1. 供热系统　2. 通风排湿系统　3. 自控系统　4. 物料室　5. 加热室

 什么是多功能烘干窑？

多功能烘干窑属隧道式烘干设施，目前多以燃煤作为热源，主要由热风炉、窑体、主副风机系统、自控系统等组成。

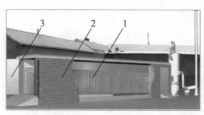

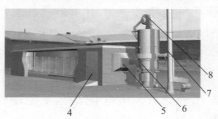

多功能烘干窑

1. 料车　2. 窑体　3. 进车保温门　4. 出车保温门　5. 热风管道
6. 热源（燃煤热风炉）　7. 烟囱　8. 风机

果蔬采收后的生命活动对干制有什么影响？

果蔬采收后的呼吸作用、蒸腾作用等生命活动都会对干制产生影响。果蔬采收后的有氧呼吸在一定时间范围内能使干制产品的葡萄糖、果糖等低分子糖类增多，使干制产品甜度增加。但过度的有氧呼吸会造成果蔬干制产品营养含量降低，同时也会改变果蔬干制产品的风味。果蔬采后的无氧呼吸会产生乙醇、乳酸、乙醛等物质，显著降低果蔬干制产品的营养含量。同时，其产生的乙醇、乳酸、乙醛也会明显改变果蔬干制产品的风味。蒸腾作用可以使果蔬持续蒸发水分，减少果蔬干制过程中所需的能量，但会使果蔬干制产品的品质降低。过多失水会影响果蔬的口感、色泽和风味。

此外，采收或预处理过程中有损伤的果蔬，其采后的生命活动更为复杂，发生组织褐变、细胞膜破坏、细胞壁分解及产生异味等现象，导致产品呼吸作用增强，成为愈伤呼吸。愈伤呼吸会导致新鲜果蔬的衰老与腐败，显著降低果蔬干制产品的营养含量，特别是多酚类营养物质，同时影响干制果蔬产品的复水性、色泽和风味等品质。

 果品哪些品质对干制有影响？

果品的很多品质都会影响到其干制产品的特性。主要包括以下内容：

(1) 果品的大小和形状

同一品种或不同品种的果品重量差别较大，一般来说单果重较大的果品较难干制，所需时间长，单果重较小的果品比较容易干制，所需时间短。单果重量相近的果品，比表面积较大的果实比较容易干制，如卵圆形、长圆形等比表面积相对较大的果实比呈圆形或接近球体的比表面积相对较小的果实更易干制。

(2) 含糖量

含糖量低的果品干制后较酸，口感不好。含糖量高的果品在干制后一般口感较佳，但干制过程中糖分容易析出，影响果品的色泽，使成品发黏，严重影响品质。如红枣含糖量高，一般为40%左右，干制温度越高，枣果色泽会越深，甚至果肉呈褐色，食之有焦煳味。

(3) 固形物含量

果品的固形物含量越高，干制后的干品率越高，并且干品肉质较为厚实紧韧，口感较好。如固形物含量大于18%的杏干制效果较好。

(4) 挥发性芳香物质

果品如富含挥发性芳香物质，适宜干制工艺条件下的温湿度能促进芳香物质发生变化，形成较佳口感。

(5) 蜡质层

表面覆盖蜡质层的果品，在干制过程中会严重阻碍果实内部的水分蒸发，不仅延长干燥时间，而且干制过程中容易出现干果肿胀的泡果现象。对有蜡质层的果品，干制时需要根据果品的种类采用脱蜡剂进行预处理。

 果蔬干制要进行哪些前处理？

果蔬收获后，应对果蔬原料进行整理与挑选、原料分级、原料清洗、去皮切分去核去蒂、漂烫（杀青）、护色等前处理。

(1) 挑选、分级

目的是除去有明显损伤、虫蛀或不成熟的果品，同时清除不慎混入的叶梗、灰尘等杂物，以保证干制后成品的质量。干制前的分级可使每批烘干原料尽量做到果实大小基本一致，成熟度基本一致，保证干制效果。

(2) 漂烫

漂烫是将经过清洗、切分或其他预处理的新鲜果蔬原料放入沸水或蒸汽中进行短时间处理的过程。漂烫可以钝化新鲜果蔬中酶的活性，改善干制后的色泽；可软化或改进组织结构；除去辛辣等不良气味；降低果蔬中污染物和微生物的数量。如豇豆、胡萝卜片等干制加工前常进行漂烫处理。茶叶烘干前一般需要进行杀青处理。

(3) 护色

护色是防止果蔬干制加工过程中产生有色物质的过程。果蔬原料在切分、破碎、高温等处理过程中或接触

空气等，都可能引起酶促褐变或非酶褐变等化学反应，进而生成有色物质，影响产品品质，因此必须进行护色。防止酶促褐变的护色方法主要有：使用含单宁、酪氨酸少的原料；控制氧气的供给；采用热烫、溶液浸泡等方法钝化酶。防止非酶褐变的护色方法主要有：选用氨基酸和还原糖含量少的原料；热水漂烫处理；保持酸性条件，促使糖分分解，抑制有色物质形成等。

果品烘干前要注意什么？

对果品而言，烘干前还要将果品装入烘盘，装好的烘盘装入料车，此时还应注意以下事项：装盘时将果品平铺在烘盘上，要注意装料厚度，一般以看不见烘盘底部为宜，如烘干杏，一般平铺1层。装料时使每盘果品原料的大小基本一致。烘盘装车时应注意保持水平，若遇阻碍应及时修正，不可硬装。烘房内应装适量烘车，若物料量不足以装满烘房内全部烘盘时，应从下往上同样间隔放置烘盘、并保持烘车装盘数量基本一致。烘车推入烘房时，应避免大幅振动，平稳推入。

项目三
果蔬干制实例

 香菇烘干的操作流程是什么样的?

利用多功能烘干窑烘干采收后香菇的操作流程:

鲜香菇→分级→剪柄→ (切丝)
↓
装盘

贮藏←包装←干品分拣分级←出车、晾凉←烘干←装车

循环作业

影响香菇干燥特性的因素主要有单菌重、菌盖直径和菌盖形状。大小相同的情况下单个香菇的重量有明显差别,单菌较重的香菇干制时间长。香菇菌盖大小很不均匀,直径3~20厘米,较小的香菇小于5厘

烘干后的香菇干品

米，中型香菇为 5～7 厘米，大香菇大于 7 厘米。对于菌盖直径较大的香菇，一般将其切分为香菇丝再进行干制。中型香菇将菇盖和菇柄分离后进行烘干。香菇豆的菌盖直径较小，一般在 2 厘米以下，菇盖和菇柄难以分离，一般直接烘干。生长期管理较好的香菇成熟后菇形呈扁半球形或伞形，菌盖厚度超过 1.2 厘米，菌边略弯，制成干菇后菇形规整、肉质好。

 用于干制的香菇什么时期采收合适？

准备干制加工的香菇采收由生产季节定，一般在香菇色泽鲜艳、香味浓、菌盖厚、肉质软韧时采收。花菇（冬菇）在开伞 5～6 分、菌膜部分破裂时采收；厚菇（香菇）在开伞 6～7 分、菌膜破裂时采收；薄菇（香信）在开伞 7～8 分、菌盖边缘仍稍内卷时采收。鲜香菇干制加工过程中开伞程度将增加，可以适当提早采收获得较好的加工效果，尤其在香菇生产旺季应当提早采收。

采收香菇应注意以下几点：

① 香菇采收前 2～3 天停止喷水，防止干制时菌褶变黑。

② 最好在晴天早晚气温较低时采收，坚持先熟先采的原则。

③ 注意不要损伤菌盖、菌褶，不让菇脚残留在菌筒上霉烂。

④ 采完的鲜菇要轻轻放入竹篮或竹筐，下衬塑料

或纱布，保持香菇的完整，防止互相挤压、碰撞，发生损坏。

用于干制的香菇采收前 2~3 天停止喷水!

 57 多功能烘干窑烘干香菇时的温度和湿度如何控制？

多功能烘干窑烘干香菇时的温度和湿度参数见下表：

多功能烘干窑烘干香菇工艺参数

烘干物料	进口处热风温度（℃）	热风温度设定		阶段时间（小时）
		干球温度（℃）	湿球温度（℃）相对湿度（%）	
香菇丝	≤67	65	—	无限时
香菇	≤65	65	—	
香菇丁	≤70	65	—	
持续循环，烘干一车推出一车，再推入一车				

注：本工艺以特定烘房特定品种、大小、成熟度的香菇为例，仅供参考，用户可在生产中进一步摸索优化。

香菇在干制过程中会发生什么变化?

干制对香菇灰分含量的影响不大,灰分含量在 7% 左右,粗脂肪损失比较明显,蛋白质、干物质以及糖类损失比较大,粗纤维的含量保持在 5%～9%,香菇维生素 C 和 β-胡萝卜素的含量损失较大。

 干制香菇的等级是怎么划分的?

干制后的香菇分为干花菇、干厚菇和干薄菇。其中干厚菇的等级一般分为特级、一级和二级,具体规格如下:

(1) 特级

干厚菇菌盖呈淡褐色至褐色,或黑褐色。形状呈扁半球形稍平展或伞形,菇形规整,菌褶淡黄色,菌盖厚度>0.8 厘米,开伞度<6 分,无虫蛀菇、残缺菇和碎体菇。

(2) 一级

干厚菇菌盖呈淡褐色至褐色,或黑褐色。形状呈扁半球形稍平展或伞形,菇形规整,菌褶黄色,菌盖厚度>0.5 厘米,开伞度<7 分,虫蛀菇、残缺菇和碎体菇<2.0%。

(3) 二级

干厚菇菌盖呈淡褐色至褐色，或黑褐色。形状呈扁半球形稍平展或伞形，菌褶暗黄色，菌盖厚度＞0.3厘米，开伞度＜8分，虫蛀菇、残缺菇和碎体菇的量为2.0%～5.0%。

 辣椒烘干的操作流程是什么样的？

热风烘房烘干辣椒的操作流程：

采后新鲜辣椒→运输和暂存→拣选分级→装盘→装车→烘干→分拣分级→包装→贮藏

不同品种辣椒的干燥特性差异较大，影响干燥特性的因素主要有单个辣椒重量、形状、表皮蜡质层及表皮层厚度。

不同品种辣椒的单果重有明显差别，如天鹰椒、红太阳等小辣椒，一般椒身长只有3～5厘米，平均单果重不到2克，而羊角椒、线椒等品种体型较长，一般超过10厘米，平均单果重约5克。单果重较大的辣椒干制时间长。

单果重相近的品种，不同形状辣椒的干燥情况有差异，与圆形或长圆形的樱桃类辣椒相比，形状呈线状的辣椒由于比表面积相对较大，平均干燥速度较快，干制时间偏短。

不同辣椒的蜡质层和表皮层厚度有差别。蜡质层和表皮层越厚，越难以烘干。在烘干果皮特别厚的品种时，建议将辣椒切开或者切断后再烘干，以免烘出内部水分无法排出的软辣椒干。

 用于干制的辣椒什么时期采收合适？

辣椒可延续结果、多次采收，故采收期不固定。干制辣椒要待果实完全成熟后再采收，即表皮由皱转平、表面色泽由浅转深并光滑发亮、手感发软时采收。

采收辣椒应注意以下几点：

① 辣椒采收时不能用力过大，以免折断枝条，并需要连果柄一起摘下。

② 采收时应轻拿轻放，不要挤压辣椒或损伤辣椒表皮的蜡质层。

③ 采收宜在晴天早晨或傍晚气温较低时进行，不宜在气温高的中午或下雨天进行。

④ 采收后将辣椒轻放入竹筐或竹篮等容器内，防止挤压。

 热风烘房烘干辣椒时的温度和湿度如何控制？

以陕西省宝鸡市陇县的热风烘房烘干线椒工艺为例，干制工艺见下表：

热风烘房烘干辣椒工艺参数

干制阶段		干球温度（℃）	湿度控制	目标任务	参考时间（小时）	备注
升温段		室温至46			0.5	
干燥段	一阶段	46	排湿量大，全力排湿	表皮失水发软	3	为了保温节能，设定湿度40%以上间隔排湿，按40%湿度设定相应干球温度下的湿球温度
	二阶段	52	40%以上间隔排湿		4	
	三阶段	58	40%以上间隔排湿	表皮变薄皱缩	7	
	四阶段	63	40%以上间隔排湿		6	
	五阶段	65	40%以上间隔排湿	内外全干	6～8	

注：本工艺以特定烘房特定品种、大小、成熟度的线椒为例，仅供参考，用户可在生产中进一步摸索优化。

63 辣椒烘干后会发生什么变化？

辣椒烘干后的品质变化主要有：随着干制时间和温度的升高，辣椒红素有损失，温度越高、时间越久，辣椒红素损失越多；辣椒碱的含量也在不断减少；干制温度越高维生素 C 损失越大；干制后蛋白质的损失也较大。

干制辣椒的等级是怎么划分的?

辣椒干等级一般分为一级、二级和三级。具体规格如下:

(1) 一级

辣椒干形状均匀,具有品种固有特征,果面整洁,色泽呈鲜红或紫红色,油亮光洁。长度不足 2/3 和破裂长度达椒身 1/3 以上的不得超过 3%;不允许有黑斑椒和虫蛀椒;黄梢和以红色为主显浅红色暗斑且其面积在全果 1/4 以下的花壳椒,总量不得超过 2%;不允许有白壳和不熟椒,不完善椒总量≤5%;异品种≤1%;各类杂质总量不超过 0.5%,不允许有有害杂质;水分≤14%。

(2) 二级

辣椒干形状均匀,果面整洁,色泽呈鲜红或紫红色,有光泽。长度不足 2/3 和破裂长度达椒身 1/3 以上的不得超过 5%;黑斑面积达 0.5 厘米^2 的不得超过 1%;允许椒身被虫蛀部分在 1/10 以下,果内有虫尸或排泄物的不超过 0.5%;黄梢和以红色为主显浅红色暗斑且其面积在全果 1/3 以下的花壳椒,总量不得超过 4%;不允许有白壳,不熟椒≤0.5%,不完善椒总量≤8%;异品种≤2%;各类杂质总量不超过 1%,不允许有有害杂质;水分≤14%。

(3) 三级

辣椒干形状有差异，完整，色泽呈红色或紫红色。长度不足 1/2 和破裂长度达椒身 1/2 以上的不得超过 7%；黑斑面积达 0.5 厘米^2 的不得超过 2%；允许椒身被虫蛀部分在 1/10 以下，果内有虫尸或排泄物的不超过 1%；黄梢和以红色为主显浅红色暗斑且其面积在全果 1/2 以下的花壳椒，总量不得超过 6%；不允许有白壳，不熟椒≤1%，不完善椒总量≤12%；异品种≤4%；各类杂质总量不超过 2%，不允许有有害杂质；水分≤14%。

 鲜杏烘干的操作流程是什么样的？

热风烘房烘干鲜杏的操作流程：

采收后鲜杏→运输和暂存→装料和分选→装车→烘干→分拣分级→包装

 用于干制的杏什么时期采收合适？

一般八至九成熟的鲜杏较适宜干制，熟透的杏在烘干过程中糖析出明显，易黏结，干制后外观不佳。成熟度低的杏干燥后在色泽、口感和干品率方面都较差。

67 热风烘房烘干鲜杏时的温度和湿度如何控制？

以热风烘房烘干新疆维吾尔自治区和田市皮山县不切分的整黑叶杏工艺为例，干制时的温度和湿度见下表：

热风烘房烘干鲜杏工艺参数

干制阶段		干球温度（℃）	湿度控制	目标任务	参考时间（小时）	备注
升温段		室温～45			0.5	为了保温节能，设定湿度40%以上间隔排湿，按40%湿度设定相应干球温度下的湿球温度
干燥段	一阶段	45	排湿量大，全力排湿	表皮失水发软	8	
	二阶段	50	40%以上间隔排湿	表皮发干皱缩	18	
	三阶段	55	40%以上间隔排湿	果肉皱缩定色	30	
	四阶段	60	40%以上间隔排湿		6	
	五阶段	55	40%以上间隔排湿	内外全干	8～12	

注：本工艺以特定烘房特定品种、大小、成熟度的杏为例，仅供参考，用户可在生产中进一步摸索优化。

杏 干

68 杏在干制过程中会发生什么变化？

鲜杏干制后，由于水分含量降低，果实体积缩小，杏的颜色也开始变暗，红色度先加深又下降，黄色度加深，色泽随着干燥时间和干燥温度的上升而渐淡，并逐渐趋于稳定。

69 干制杏干的等级如何划分？

杏干的等级一般分为一等、二等和三等。具体规格如下：

(1) 一等

形状均匀，具有品种固有特征，果面整洁；鲜红或紫红色，油亮光洁；各类杂质总量不超过 0.5%，不允许有有害杂质；水分 16%～18%。

(2) 二等

形状均匀，果面洁净；鲜红或紫红色，有光泽；各类杂质总量不超过 1%，不允许有有害杂质；水分16%～18%。

(3) 三等

形状有差异，完整；红色或紫红色；各类杂质总量不超过 2%，不允许有有害杂质；水分 16%～18%。

 新鲜红枣烘至半干的操作流程是什么样的?

普通烘房烘干新鲜红枣至半干的操作流程:

原料采收→拣选分级→装盘→装车→普通烘房烘干→检验→半干红枣出料→入库冷藏

 用于干制的红枣什么时期采收合适?

红枣果实的成熟可分为白熟期、脆熟期和完熟期。用于干制的红枣品种一般在完熟期进行采收。完熟期的特点是果皮红色变深,微皱,果肉近核处呈黄褐色,质地变软,果实已充分成熟。此期采收则出干率高、色泽浓、果肉肥厚、富有弹性、品质好。

 普通烘房将新鲜红枣烘至半干时的温度和湿度如何控制?

普通烘房点火开始干制,待烘房内升温至40℃后不用再添煤,继续升温。点火10小时后,烘房内温度可以升到48~50℃。湿气大时房体上方的排湿口排出湿气,同时打开门两侧的进气口进冷风。根据烘房内湿气量进行排湿。待烘房内湿气量目测明显、仪器显示湿度为 60%～70% 时，打开排湿口和进冷风口，排湿 15 分钟左右，后关闭排湿口和进冷风口，之后再根据烘房内湿度进行排湿作业，烘至红枣水分28%～35%。

 如何判断红枣烘至半干？

新鲜红枣烘干 24 小时左右，可取枣子出来检验。用手掰开红枣，挤枣肉，如枣核与一半枣肉分离，并黏在另一半枣肉上，即可停止烘干。

 红枣在干制过程中会发生什么变化？

新鲜红枣干制后的品质变化包括：①果胶含量呈下降趋势；②还原糖的含量呈下降趋势；③总糖含量在干制之后呈下降趋势；④总酸含量有所下降。

 干制红枣的等级是怎么划分的？

干制后的红枣等级分为特等、一等、二等和三等。具体规格如下：

(1) 特等

果形饱满，具有本品种应有的特征，果大均匀；

肉质肥厚，具有大红枣应有的色泽，身干，手握不黏手，总糖含量≥75%；杂质≤0.5%；无霉变、浆头、不熟果和病虫果，破头、油头果两项不超过3%；容许度每50克≤5粒；水分≤28%；总不合格果百分率≤3%。

（2）一等

果形饱满，具有本品种应有的特征，果实大小均匀；肉质较肥厚，具有大红枣应有的色泽，身干，手握不黏手，总糖含量≥70%；杂质≤0.5%；无霉变、浆头、不熟果和病果，虫果、破头、油头果3项不超过5%；容许度每50克≤5粒；水分≤28%；总不合格果百分率≤5%。

（3）二等

果形良好，具有本品种应有的特征，果实大小均匀；肉质肥瘦不均，允许有10%的果实色泽稍浅，身干，手握不黏手，总糖含量≥65%；杂质≤0.5%；无霉变、浆头果，病虫果、破头、油头果和干条4项不超过10%（其中病虫果不得超过5%）；容许度每50克≤10粒；水分≤28%；总不合格果百分率≤10%。

（4）三等

果形正常，果实大小较均匀；肉质肥瘦不均，允许有10%的果实色泽稍浅，身干，手握不黏手，总糖含量≥60%；杂质≤0.5%；无霉变果，浆头、病虫果、破头、油头果和干条5项不超过15%（其中病虫果不得超过5%）；容许度每50克≤15粒；水分≤28%；总不合格果百分率≤15%。

 枸杞烘干的操作流程是什么样的？

利用多功能烘干窑烘干枸杞的操作流程：

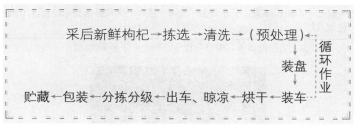

 用于干制的枸杞什么时期采收合适？

枸杞果实在成熟期可分为成熟初期和成熟后期。成熟初期的枸杞色泽鲜红，果皮明亮，富有弹性；成熟后期的枸杞果蒂松软，果梗较易从着生点处摘下，种皮骨质化明显。成熟初期的枸杞果实更适宜干制。

 多功能烘干窑烘干枸杞时的温度和湿度如何控制？

当干制室装满物料后，按照干制工艺在控制仪内设定好参数，干制中可根据实际情况对参数进行灵活调整，完成设定后即可生火开始干制。一批次后可连续作业。用多功能烘干窑烘干枸杞的温度和湿度见下表：

多功能烘干窑烘干枸杞工艺参数

进口处热风温度	热风温度设定		阶段时间（小时）
	干球温度（℃）	湿球温度（℃）相对湿度（％）	
≤65℃	65	—	无限时

持续循环，烘干一车推出一车，再推入一车鲜果。

正常生产中，隧道式干燥设备（设施）进口处热风温度的干球温度不超过65℃

注：本工艺仅供参考，用户可在生产中进一步摸索优化。

枸杞干果

 干制枸杞的等级如何划分？

干制枸杞的等级一般分为特优、特级、甲级和乙级。具体规格如下：

(1) 特优

类纺锤形，略扁稍皱缩；不得检出杂质；果皮鲜红、紫红色或枣红色；具有枸杞应有的滋味、气味；不完善粒（质量比）≤1.0%；不允许有无使用价值颗粒；

每 50 克≤280 粒；水分≤13.0%；百粒重≥17.8 克。

(2) 特级

类纺锤形，略扁稍皱缩；不得检出杂质；果皮鲜红、紫红色或枣红色；具有枸杞应有的滋味、气味；不完善粒（质量比）≤1.5%；不允许有无使用价值颗粒；每 50 克≤370 粒；水分≤13.0%；百粒重≥13.5 克。

(3) 甲级

类纺锤形，略扁稍皱缩；不得检出杂质；果皮鲜红、紫红色或枣红色；具有枸杞应有的滋味、气味；不完善粒（质量比）≤3.0%；不允许有无使用价值颗粒；每 50 克≤580 粒；水分≤13.0%；百粒重≥8.6 克；

(4) 乙级

类纺锤形，略扁稍皱缩；不得检出杂质；果皮鲜红、紫红色或枣红色；具有枸杞应有的滋味、气味；不完善粒（质量比）≤3.0%；不允许有无使用价值颗粒；每 50 克≤900 粒；水分≤13.0%；百粒重≥5.6 克。

茶叶加工与贮藏

 茶叶种类是如何划分的？

　　茶叶分类方法很多，最具有代表性的是将茶叶分绿茶、红茶、青茶（乌龙茶）、白茶、黄茶和黑茶六大茶类。此分类法是以制茶工艺和品质特征为基础，每一茶类均有其共同的加工工序和多酚类物质的变化特点，如

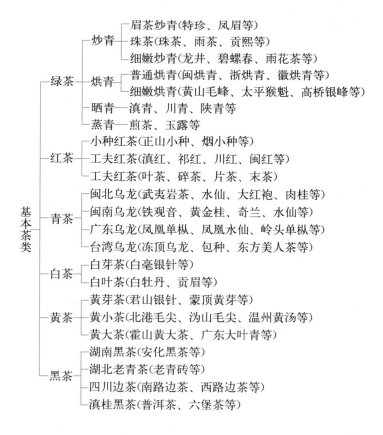

　　基本茶类

　　绿茶
　　　炒青
　　　　眉茶炒青(特珍、凤眉等)
　　　　珠茶(珠茶、雨茶、贡熙等)
　　　　细嫩炒青(龙井、碧螺春、雨花茶等)
　　　烘青
　　　　普通烘青(闽烘青、浙烘青、徽烘青等)
　　　　细嫩烘青(黄山毛峰、太平猴魁、高桥银峰等)
　　　晒青——滇青、川青、陕青等
　　　蒸青——煎茶、玉露等

　　红茶
　　　小种红茶(正山小种、烟小种等)
　　　工夫红茶(滇红、祁红、川红、闽红等)
　　　工夫红茶(叶茶、碎茶、片茶、末茶)

　　青茶
　　　闽北乌龙(武夷岩茶、水仙、大红袍、肉桂等)
　　　闽南乌龙(铁观音、黄金桂、奇兰、水仙等)
　　　广东乌龙(凤凰单枞、凤凰水仙、岭头单枞等)
　　　台湾乌龙(冻顶乌龙、包种、东方美人茶等)

　　白茶
　　　白芽茶(白毫银针等)
　　　白叶茶(白牡丹、贡眉等)

　　黄茶
　　　黄芽茶(君山银针、蒙顶黄芽等)
　　　黄小茶(北港毛尖、沩山毛尖、温州黄汤等)
　　　黄大茶(霍山黄大茶、广东大叶青等)

　　黑茶
　　　湖南黑茶(安化黑茶等)
　　　湖北老青茶(老青砖等)
　　　四川边茶(南路边茶、西路边茶等)
　　　滇桂黑茶(普洱茶、六堡茶等)

绿茶均有"杀青"工序，即杀灭多酚氧化酶活性、防止多酚类氧化、保持鲜叶原有色泽、抑制茶多酚类物质酶促氧化的过程；红茶都有"发酵"工序，即促进多酚类物质酶促氧化的过程；乌龙茶都有"做青"工序，即促进多酚类物质部分氧化，同时产生特殊花香的过程；黑茶均有"渥堆"工序；黄茶均有"闷黄"工序等。每个茶类根据鲜叶原料、产地和加工工艺等又分成很多类型。

81 绿茶如何加工？

绿茶是六大茶类之一，属于不发酵茶，产区分布于全国。其制作工序包括摊青、杀青、做形、干燥。

(1) 摊青

摊青包括设施摊青和室内自然摊青等，温度25 ℃左右，相对湿度70%。高档茶摊放厚度2～4 厘米，2～3 千克/米²。摊放至含水率68%～72%，叶色变暗，叶质变软，散发清香为度。

(2) 杀青

杀青是绿茶加工的关键工序，生产上以滚筒杀青为主，控制中间筒壁温度180～220 ℃，至含水率58%～62%、叶色暗绿、梗折不断、茶香显露为宜。

(3) 做形

做形是绿茶形成特色外观的重要工序，包括揉捻、理条等多种方法。毛峰形绿茶以揉捻为主，针芽形绿茶做形以理条为主，扁形绿茶以压扁炒制为主，卷曲形绿茶以曲毫炒制为主。除揉捻外，理条、压扁炒制、曲毫炒制等做形时均有干燥作业过程。揉捻时采用揉捻机，按照轻—重—轻原则控制压力，一般耗时 30～60 分钟。

(4) 干燥

干燥有烘干、炒干等方式。一般分成两次干燥，初干温度 110 ℃左右，至含水率 15％～20％为宜；足干温度 90 ℃左右，至含水率＜6％为宜。

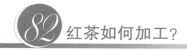

82 红茶如何加工？

红茶属于全发酵茶，可分为工夫红茶、小种红茶、红碎茶 3 类，目前我国市场上常见的红茶为工夫红茶。工夫红茶的加工工序包括萎凋、揉捻、发酵、干燥。

(1) 萎凋

萎凋包括设施萎凋和室内自然萎凋等，温度 25 ℃左右，相对湿度 70％。高档茶摊放厚度 2～4 厘米，2～3 千克/米²。摊放至含水率 58％～62％、叶形萎缩、茎折而不断、叶色暗绿、表面光泽消失、青草气减退、清香透出为适度。

(2) 揉捻

采用揉捻机在低温高湿环境下作业较佳。高档茶加压较轻，一般揉捻 60～90 分钟，至条索紧卷、茶汁充分揉出而不流失、叶子局部泛红、发出较浓烈的清香、

成条率达 90%～95% 为适度。

(3) 发酵

发酵是形成工夫红茶特有风味品质的关键。多数在发酵室内进行，温度 25～28 ℃，相对湿度 90% 左右，一般耗时 2～5 小时，至叶色红变、青草气消失、显花果香时为发酵适度。

(4) 干燥

一般采用烘干方式，分成两次干燥，初干温度 110 ℃ 左右，至含水率 15%～20% 为宜；足干温度 90 ℃ 左右，至含水率 <6% 为宜。

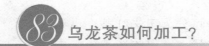

83 乌龙茶如何加工?

乌龙茶亦称 "青茶"，属于半发酵茶，为中国特有的茶类，主产于福建、广东、台湾等地。其制作工序有萎凋、做青、杀青、揉捻、包揉、烘焙。

(1) 萎凋

包括晒青和晾青，晒青时间一般 30～50 分钟，失水 15% 左右，至叶色暗绿、青气减退、花香显露为宜。随后晾青，将晒青叶放于晾青架上，使其通风散热，耗时 15～30 分钟。

(2) 做青

做青是乌龙茶制作关键。要求在室内进行，温度

22～25℃，相对湿度80%～85%。机械摇青时装叶1～1.2千克/桶，转速25～30转/分，隔0.5～1小时摇青1次，每次摇2～6分钟，待在制品减重25%～28%、含水量65%左右、叶缘收缩、叶面青绿、叶缘朱砂红、散发出浓烈花香为适度。

（3）杀青

工序与绿茶杀青基本相同。

（4）揉捻

采用乌龙茶揉捻机，掌握热揉、重压、快速、短时的原则，经3～5分钟条索初步形成，茶汁挤出即可。

（5）包揉

将放置隔夜的在制品加热，叶温60～65℃，待叶张回软，装入特制布球机团揉或手工团揉，其间松袋解块数次，经3～5次复火团揉，形成卷面半球形。

（6）烘焙

分毛火和足火。毛火110～120℃，摊叶厚度2厘米，烘约8成干；随后摊放约1小时，筛去碎末、黄片和轻飘杂物后进行足火。足火温度80～90℃，摊叶厚度约5厘米，至足干为止。

84 黑茶如何加工？

黑茶属于后发酵茶，为我国所特有，主要产于湖

南、湖北、四川、云南、广西等地。其基本工艺流程为杀青、初揉、渥堆、复揉、烘焙、压制、干燥。

（1）杀青

与绿茶杀青基本相同，因原料较粗老，可按 10∶1 叶水比洒水后再杀青。

（2）初揉

趁热揉捻，时间 15 分钟左右，待嫩叶成条、粗老叶成皱叠时即可。

（3）渥堆

渥堆是决定黑茶品质的关键工序。可选用专门的渥堆设施或室内自然渥堆。室温 25～30 ℃，相对湿度 85％左右，渥堆高度不超过 1 米，表面覆盖湿布以保温保湿。湿坯渥堆 24 小时左右，干坯渥堆 5～7 天。中间需进行多次翻堆。至在制品黄褐、对光透视呈竹青色、青气消除、散发出淡淡酒糟气时为渥堆适度。

（4）复揉

时间一般为 6～8 分钟，下机后解块，及时干燥。

（5）烘焙

采用松柴明火，分层累加湿坯，长时间一次干燥，所得为黑毛茶。

（6）压制

毛茶经筛拼后进行汽蒸，随后经压制机制成特定形状。

（7）干燥

采用烘房干燥或机器干燥，至含水率 8% ～ 11% 时可出烘包装。

85 白茶如何加工？

白茶属于轻发酵茶，加工工艺最为简单，主要包括萎凋、干燥两道工序。

（1）萎凋

把鲜叶均匀摊放于洁净竹筛上，摊放厚度 1～2 厘米，随后进行室内自然萎凋或微弱日光轻晒，亦可组合式萎凋。萎凋过程尽量少翻，免受机械损伤。一般萎凋 30～40 小时，至茶叶含水率 20% 左右、叶张色泽由浅绿转灰绿或暗绿、嫩梢呈"翘尾"状、叶张垂卷、青气尽失、茶香溢出为适度。

（2）干燥

以烘干为主，分两次进行。初烘 100～120 ℃，10分钟左右，复烘 80～90 ℃至足干。

86 黄茶如何加工？

黄茶属于微发酵茶，是六大茶类之一，为中国所特

有，其品质特点在于黄汤黄叶、香气清高、滋味醇爽。黄茶加工工艺近似绿茶，制作流程包括：鲜叶、摊青、杀青、揉捻、闷黄、干燥。黄茶的摊青、杀青、揉捻、干燥等工序均与绿茶制法相似，工艺核心在于闷黄，是形成特色风味的关键，主要做法是将揉捻后的在制品（如有团块，需先行解块处理）用牛皮纸包好，每包约1.5千克，放入铁质或木质箱内，也可堆积于竹筐内，以湿布盖之，待其自然氧化。闷黄时间从几十分钟至几个小时不等，至在制品色泽金黄、香气浓郁为宜。

87 花茶如何加工？

花茶通过将具有香味的鲜花和新茶联合窨制，使得茶叶能够吸收鲜花的香味，并呈现出香味鲜灵浓郁、汤色浅黄明亮的风味特色。花茶原料包括茶坯和鲜花，茶坯以烘青为佳，鲜花要保持新鲜，严禁损伤。花茶的加工流程包括：茶花拼合、窨制、通花散热、收堆续窨、起花、复火干燥、提花。待鲜花中有80%左右花朵开放成虎爪形时即可进行茶花拼合，作业时先把总量的1/5茶坯平摊在干净窨花场上，厚度为10～15厘米，然后根据茶、花配比用量（鲜叶量一般为茶坯量的2～5倍），同样分出1/5鲜叶均匀撒铺在茶坯面上，一层茶、一层花，相间5层，再用铁耙从横断面由上至下扒开拌和即可。窨制时间一般为10～12小时，过程中要进行通花散热，即将在窨茶堆扒开摊凉，堆高30～40厘米薄摊至10厘米左右，每隔15分钟翻拌1次，让茶堆充分散热，1小时左右即可收堆复窨，如此反复至鲜花成萎凋状，嗅不到鲜香，即可起花。起花时采用抖筛机将花朵渣筛出，使茶坯与花渣分离。随后进行复火干燥，温度 100～110 ℃，经复火后的茶坯须及时薄摊冷却。高档花茶在复火后可用少量优质鲜叶再窨一次，以实现增香。

 茶叶如何包装和贮藏？

茶叶作为直接饮用的食品，其包装除了满足基本的包裹功能外，还必须满足食品安全的要求。目前常用包装有以下几种：

（1）复合薄膜袋

包括防潮玻璃纸、聚乙烯、铝箔等多种材料，生产上以铝箔复合袋为主，具较佳的阻气、防潮、防异味等特性，也可通过抽气或充氮提升包装效果。

（2）纸包装

多采用牛皮纸和铝箔复合制成，有较强的耐破度和抗水性。

（3）竹（木）盒

做工精细，具有良好的装饰性，常配合铝箔复合袋作为内包装。

（4）瓷罐

能较好地保持茶叶风味品质，造型独特，艺术价值高，但有易碎、体重等缺点，主要用在高档礼品茶中。

茶叶贮藏有商品茶贮藏和家庭茶叶贮藏两种。

(1) 商品茶贮藏

按产地、规格等分别装箱，外包装材料需符合食品包装基本要求，密封良好。冷库贮藏时要求库房温度≤10℃，相对湿度≤20％。

(2) 家庭茶叶贮藏

多采用塑料袋、铝箔袋、金属罐等小包装贮存，最简单实用的是冰箱贮藏法。从冰箱内取茶饮用时，待其温度回升至室温时再行开封，以避免茶叶表面凝结水气而加速劣变。

 89 如何进行茶叶感官审评？

一般在专门的茶叶审评室进行，评茶时要求环境干燥清洁、无异味，光线均匀充足。国际上审评红绿茶，一般茶水比例为 1∶50，审评岩茶、铁观音等茶水比例为 1∶22。审评茶叶的基本步骤：

(1) 把盘

将样茶倒入木质审评盘中，双手拿住审评盘的对角边沿，用回旋筛转方法使盘中茶叶分出上、中、下 3 层。对样评比上、中、下 3 档茶叶的拼配比例是否恰当。

（2）开汤

取样茶适量投入审评杯内，杯盖放入审评碗内，以沸滚适度的开水按照慢—快—慢的速度冲泡满杯，泡水量应齐杯口。冲泡第一杯起即应计时，随泡随加杯盖，盖孔朝向杯柄，5分钟时按冲泡次序将杯内茶汤滤入审评碗内。开汤后应先嗅香气，次看汤色，再尝滋味，后评叶底，审评绿茶有时应先看汤色。

（3）嗅香气

一手拿住已倒出茶汤的审评杯，另一手揭开杯盖，靠近杯沿用鼻轻嗅或深嗅。热嗅、温嗅、冷嗅相结合进行。热嗅判断香气是否正常，辨别香气的类型和高低；温嗅辨别香气的优次；冷嗅了解香气的持久程度。

（4）看汤色

按汤色性质及深浅、明暗、清浊及沉淀物多少等评比优次。

（5）尝滋味

茶汤50℃左右较适合评味，按浓淡、强弱、鲜滞及纯异等评定优次。

（6）评叶底

将冲泡过的茶叶倒入叶底盘或审评盖的反面，拌匀、铺开、掀平后观察其嫩度、匀度和色泽的优次。

果蔬市场营销

90 **果蔬产品市场营销包含哪些内容？**

果蔬产品营销可以理解为生产适销对路的果蔬产品、寻找开发新客户、维持原有客户、满足客户需求的所有活动。核心内容包括：

(1) 市场细分

按照某一个标准划分出具有不同需求的消费群体，每个消费群体具有基本类似的需求，每个群体称为一个细分市场。

(2) 市场选择

根据自身条件和产品特点选择一个或几个细分市场来销售产品。

(3) 市场定位

在所选择的细分市场上，给产品建立一种形象，出现在消费者面前。

(4) 产品策略

涉及新产品开发、包装改进、品牌创建等。

(5) 价格策略

涉及对产品定价和对价格的调整。

(6) 渠道策略

构建间接销售渠道或直接销售渠道销售产品。

(7) 促销策略

使用人员推销、公关促销、营业推广等方法促进产品销售。

91 果蔬产品市场营销应持有哪些观念?

果蔬产品的营销存在 5 种观念,即生产观念、产品观念、推销观念、市场营销观念、社会营销观念。对于农户来说,较为实用的观念是市场营销观念和推销观念。在果蔬产品生产出来之前,要了解消费者的需要,生产符合消费者需求的果蔬产品;在果蔬产品生产出来之后,要引导消费者消费,向消费者推销果蔬产品。

92 如何进行果蔬产品的市场细分?

市场细分需要按照某一标准进行,主要包括地理类因素、人口类因素、心理类因素和行为类因素等标准。例如,国家因素属于地理类因素,如果按国家因素进行划分,果蔬市场可分为国内市场和国际市场;收入因素属于人口类因素,如果按收入因素进行划分,可分为面向低收入群体的果蔬市场、面向中收入群体的果蔬市场及面向高收入群体的果蔬市场;价值观因素属于心理类因素,如果按价值观因素进行划分,可分为喜欢经济实惠群体的果蔬市场、喜欢养生健康群体的果蔬市场;使用频率因素属于行为类因素，如果按使用频率因素进行划分，可分为频繁购买果蔬市场和少次数购买果蔬市场。

93 如何选择细分市场？

细分市场选择，就是要明确在哪些市场准备卖哪些产品。如要在低收入市场、中收入市场、高收入市场卖土豆、白菜、黄瓜三类蔬菜，可以有以下几种方式选择细分市场：

（1）只生产白菜，满足低收入家庭的市场需求，如下表所示：

市场集中化

	低收入	中收入	高收入
土豆	1	2	3
白菜	4	5	6
黄瓜	7	8	9

（2）只生产白菜，同时满足低收入、中收入和高收入家庭的市场需求，如下表所示：

产品专业化

	低收入	中收入	高收入
土豆	1	2	3
白菜	4	5	6
黄瓜	7	8	9

(3) 生产土豆、白菜、黄瓜，满足低收入家庭的市场需求，如下表所示：

市场专业化

	低收入	中收入	高收入
土豆	1	2	3
白菜	4	5	6
黄瓜	7	8	9

(4) 生产白菜满足低收入家庭的市场需求，生产土豆满足中收入家庭的市场需求，生产黄瓜满足高收入家庭的市场需求，如下表所示：

选择专业化

	低收入	中收入	高收入
土豆	1	2	3
白菜	4	5	6
黄瓜	7	8	9

(5) 生产土豆满足低、中、高收入家庭的市场需求，生产白菜满足低、中、高收入家庭的市场需求，生产黄瓜满足低、中、高收入家庭的市场需求，如下表所示：

市场全面化

	低收入	中收入	高收入
土豆	1	2	3
白菜	4	5	6
黄瓜	7	8	9

在实际的操作过程中，具体生产哪类蔬菜，满足哪类市场需求，要结合经营者的实力、市场规模、蔬菜质量等因素进行综合考虑。

 如何进行市场定位？

现代社会市场竞争越来越激烈，要想在市场竞争中取得优势，提高自己果蔬产品的销量，就要对果蔬产品的形象进行差异化定位。

（1）产品差异化定位

如卖给高收入人群市场的黄瓜可以突出有机纯天然的特点，和其他普通质量的黄瓜区分开来。

（2）服务差异化

如卖给高收入人群市场的黄瓜，可以送货上门，与不能送货上门的卖家区别开来。

（3）人员差异化

如销售人员服务态度好、有礼貌，和其他卖家服务态度区别开来。

（4）形象差异化

如卖给高收入人群市场的黄瓜，包装材料卫生、环保、保鲜，和其他卖家的包装区别开来。

（5）促销差异化

如卖给高收入人群市场的黄瓜9折优惠，或者买5

千克送 500 克，其他卖家没有折扣，就能够和其他卖家
区别开来。

如何应用产品策略？

产品策略涉及的方面较多，果蔬产品的营销应集中
在以下两个方面：

(1) 果蔬产品种类的搭配

农户生产的果蔬产品种类的多少取决于不同的流通
模式。如果果蔬产品是经过批发商或零售商流通出去
的，果蔬生产可以集中在一个或几个主要的品种，如土
豆、大白菜、圆白菜等，产量大并且利于规模化生产。
如果果蔬产品是跨越批发商或零售商直接卖给消费者或
者单位食堂的，消费者或者单位食堂对果蔬产品的消费
具有多样性，因此果蔬生产也应该进行多品种生产。这
里的多品种并不是说越多越好，而应结合自身的具体情
况来决定。此外，农户生产的果蔬产品品种的多少还取
决于对经营风险的承受能力。生产单一品种的果蔬产
品，经营风险较大，市场需求一旦下降，经济损失会较
为严重，市场需求一旦上升，收益也较多。生产多品种
果蔬产品，经营风险相对较小，但收益较平稳。农户可
根据自身情况决定生产单品种还是多品种。

(2) 果蔬产品上市时间的选择

一般的果蔬产品，上市时间较为固定，农户可以采
用一定的生产技术，让果蔬产品提前上市，这样能够卖

一个较好的价格。也可以采用一定的生产技术延迟上市，别人的果蔬产品已经退市了，我的产品刚刚上市，由于供给量少，也可以卖一个较好的价格。也可以采用反季节销售，由于反季节的供给量相对较少，产品可以卖一个较好的价格。

 如何应用品牌策略？

品牌是由名称、标记、符号、图案等要素组合而成的，主要体现自己的果蔬产品的特征，同时和他人生产的果蔬产品区分开来。

（1）品牌策略

● 是否使用品牌　品牌的塑造需要一定资金的投入，会增加产品的成本。

● 是使用统一品牌还是个别品牌　比如某公司创建的"中科鲜"品牌就是统一品牌，基本上所有品种的蔬菜都冠以"中科鲜"这个品牌。此外，有的公司既生产有机蔬菜也生产普通蔬菜，为了便于区别，将有机蔬菜创建一个品牌，普通蔬菜创建成另一个品牌。

● 是使用单一品牌还是多品牌　对于同一种蔬菜如辣椒，可以创建一个品牌，也可根据辣椒的颜色，红色辣椒创建成"红孩"品牌，绿色辣椒创建成"绿妹"品牌。

（2）品牌塑造

① 利用果蔬产品营销活动对果蔬品牌进行推广。
② 利用博览会、产业论坛、科技交流等公关活动

对果蔬品牌进行推广。

③ 利用电视、广播、报纸、杂志等传统媒体以及社区网站、微信、微博等新兴媒体对果蔬品牌进行多媒体推广。

(3) 品牌保护

① 保证品质。品质是品牌的根本保证，生产的果蔬产品一定要保质保量。

② 规范使用。通过品牌注册、标识设计、标准控制、使用授权等措施，依法依规，强化品牌监管和保护。

如何应用包装策略？

包装的目的主要有4个：第一，保护商品。防止在运输、销售过程中损坏商品。第二，方便携带。适宜的包装利于消费者携带、取用和消费。第三，促进销售。精美的包装能够增加消费者购买的欲望，促进产品销售。第四，实现商品价值增值。精美的包装能够提升品牌价值，从而实现商品价值的增值。

包装的策略可以有以下几种选择：

(1) 树立产品形象

在包装上通过多种表现方式突出该产品是什么、有什么功能、内部成分和结构如何等形象要素，表现产品的直观形象。

(2) 展示企业整体形象

在注重产品包装质量的同时，注重对企业形象的宣传扩展。

(3) 突出产品用途和使用方法

这种策略主要用于较为少见的果蔬，对其食用方法等进行说明。

(4) 产品特殊要素包装

把果蔬产品结合历史、地理背景、人文习俗、神话传说等要素进行包装设计，体现产品的历史文化特征。

 如何应用价格策略？

果蔬产品进行定价首先要考虑定价目标是什么。以获利为目标的价格的制定就要高一些，以提高市场占有率为目标的价格的制定就要低一些，以应付竞争者为目标的价格的制定就要和竞争者的定价较为接近或略低于竞争者，以树立企业形象或产品形象为目标的价格的制定就要符合优质优价的要求。

一般来说,果蔬的生产具有较强的季节性,基本都要经历少量上市期、大量上市期和退市期。在少量上市期,果蔬产品刚刚下来,产量不多,市面上供给量较少,有些消费者有尝鲜的习惯,果蔬产品价格可以定得稍微高一些;在大量上市期,果蔬产品供给量增大,竞争者较多,价格定得可以略低,并且要根据竞争者的价格进行调整;在退市期,如草莓,好的果品都已经销售得差不多了,拉秧的时候,降价幅度可以大一些。

 如何应用促销策略?

果蔬产品的促销大致可以分为 4 种:

(1) 广告促销

农户可以根据自身的情况在电视、广播、报纸、杂志、网络发布果蔬产品广告,吸引消费者进行购买。

(2) 人员推销

通过推销员向消费者介绍、推广、宣传果蔬产品。

(3) 营业推广

广告促销和人员推销以外可以采用短期的临时性促销措施,如节假日的短期优惠打折。

(4) 公共关系

通过与政府、社区、其他社会组织合作,提升企业形象，展现责任、绿色、环保、有机等理念，让大众对生产者有良好的印象，进而购买其生产的果蔬产品。

对消费者的促销工具主要有6类：

（1）优惠券

持有优惠券的消费者可以获得一定的价格优惠。

（2）折扣

消费者提供购物凭证，可获得额外折扣。

（3）抽奖

消费者填写表格参加随机抽奖。

（4）奖品

消费者购买一定的果蔬产品可获得相应奖品。

（5）赠品

消费者购买一定的果蔬产品可以获得同类型的果蔬产品作为赠品。

（6）展示

在现场进行展示试吃等。

（7）在线促销

在互联网上进行产品介绍和促销。

以上是针对消费者的促销，此外还有针对推销员的推销奖励、针对经销商的提货奖励等。

100 什么是电子商务？

电子商务通常是指在互联网环境下，买卖双方不用见面就能实现消费者的网上购物、商户间的网上交易和在线电子支付等各种商务活动、交易活动、金融活动和相关的综合服务活动，它是一种新型的商业运营模式。电子商务的类型很多，基本类型有 B2B、B2C、C2C 这3种，在此基础上又演变出较多的类型。

与传统商务活动相比，电子商务具有以下优势：

(1) 降低交易成本

通过网络营销活动降低促销费用、降低采购成本。

（2）减少库存

市场需求信息及时传递给企业，也同时传递给供应商，从而实现零库存管理。

（3）缩短生产周期

电子商务可以信息共享协同工作，从而最大限度减少生产等待的时间。

（4）增加商机

电子商务 24 小时全球运作，业务可以开展到传统商务所达不到的市场范围。

（5）提供个性化服务

通过与客户进行良好沟通，可以为顾客订制商品。

 **如何应用 B2B 型电子商务?**

B2B（Business to Business）型电子商务是指在互联网上，采购商与供应商谈判、订货、签约、接受发票、付款、索赔处理、商品发送管理和运输跟踪等所有的活动。简单地说，B2B 型农产品电子商务就是企业型农户通过网络为其他企业提供原材料。

农户可以根据自身情况在一些网站注册并发布营销业务信息，在此提供 3 个网站作为参考：

（1）中国农业信息网（http：//www. agri. gov. cn）

它是由农业部主办的政府网站，是为"三农"提供信息服务的重要载体和推进农业信息化的重要依托，涉及众多农业信息要点，涵盖农业的各个方面。

（2）中国农产品网（http：//www. zgncpw. com）

它是国内规模化和专业化的农产品在线交易综合服务平台，是致力于服务"三农"，打造"互联网＋农业"的一流行业网站品牌。

（3）阿里巴巴网站（http：//www. 1688. com）

它所服务的交易双方多为有一定规模的中小企业。较之分散的产品生产，阿里巴巴的农产品销售者也可以是组织起来的合作社、联合的市场等。

 如何应用 **B2C** 型电子商务？

B2C（Business to Consumer）型电子商务是指企业与消费者之间的电子商务，通过网上商店实现网上在线零售，满足消费者需求的活动。简单地说，B2C 型农产品电子商务就是企业型农户通过网络为消费者提供果蔬产品。

农户可以根据自身情况在一些网站注册并发布营销业务信息，在此提供 5 个网站作为参考：

（1）天猫商城（http：//www. tmall. com）

天猫已经拥有 4 亿多买家，5 万多家商户，7 万多个品牌，多种新型网络营销模式正在不断被开创。

（2）京东商城（http://www. jd. com）

京东于 2004 年正式涉足电商领域。2015 年，京东集团市场交易额达到 4 627 亿元，净收入达到 1 813 亿元。

（3）1 号店（http://www. yhd. com）

1 号店于 2008 年 7 月正式上线，致力于成为网上超市。目前，1 号店在线销售涵盖 15 个品类，超过 1 000 万种商品。

（4）我买网（http://www. womai. com）

我买网是中粮集团 2009 年投资创办的食品类 B2C 电子商务网站，不仅经营中粮制造的所有食品类产品，还优选、精选国内外各种优质食品及酒水饮料，是居家生活、办公室白领和年轻一族首选的"食品网购专家"。

（5）顺丰优选（http://www. sfbest. com）

顺丰优选是由顺丰倾力打造、以全球优质安全美食为主的网购商城。网站于 2012 年 5 月 31 日正式上线，商品数量已超过 1 万种，其中 70% 均为进口食品，采自全球。

103 如何应用 C2C 型电子商务？

C2C（Consumer to Consumer）型电子商务是指消费者与消费者之间的电子商务，它以个人之间的交换为

主要目的，买卖双方通过一个第三方的在线交易平台进行交易。买卖双方只能是自然人。简单地说，C2C 型农产品电子商务就是个人型农户通过网络为消费者提供果蔬产品。

农户可以根据自身情况在一些网站注册并发布营销业务信息，在此提供如下参考：

(1) 淘宝网（http://www.taobao.com）

淘宝网是中国广受欢迎的网购零售平台，目前拥有近 5 亿注册用户，每天有超过 6 000 万访客，同时每天的在线商品数已经超过了 8 亿件。随着淘宝网规模的扩大和用户数量的增加，淘宝也从单一的 C2C 网络集市变成了包括 C2C、团购、分销、拍卖等多种电子商务模式在内的综合性零售商圈。目前已经成为世界范围的电子商务交易平台之一。

(2) 微店

2013 年，微店开始崛起，2014 年 1 月，电商导购 APP 口袋购物推出"微店"。2014 年 5 月，腾讯微信公众平台推出"微信小店"。2015 年上半年移动开店平台扎堆入场，包括微盟萌店、1 号 V 店、拍拍小店等。2014 年 10 月，京东拍拍微店也宣布完成升级测试，并与京东商城系统实现全面打通。与此同时，淘宝微店也大举进入。行业内诸如商派有量微店、易米微店、金元宝微店、喵喵微店等各类微店更是纷纷涌现。

(3) 微博和微信营销

农户可以在新浪、腾讯等影响力较大的网站，注册微博、微信，发布相关果蔬产品信息。

农产品主要流通模式有哪些？

农产品流通模式的实质就是农产品可以通过哪些渠道到达消费者手中。其主要流通模式有：

(1) 经批发商流通的流通模式

果蔬产品通过批发商、零售商到达消费者手中，如"农户—批发商（第三方批发）""农户—批发商（自营批发）"的流通模式。

(2) 经零售商流通的流通模式

果蔬产品跨越批发商、通过零售商到达消费者手中。如"农户—超市（便利店）""农户—社区（社区菜店）""农户—社区（车载市场）""农户—社区（综合直营店）"的流通模式。

(3) 直销流通模式

果蔬产品跨越批发商、零售商直接到达消费者手中，如"农户—消费者（网络营销、电话订购）""农户—消费者（采摘）""农户—消费者（种植体验）""农户—消费者（电子菜箱）""农户—消费者（智能菜柜）"等流通模式。

（4）经社会组织流通的流通模式

果蔬产品通过社会组织到达消费者手中，如"农户—加工企业""农户—餐饮企业""农户—学校""农户—政府、机关、企事业单位"等流通模式。

105 如何应用"农户—批发商（第三方批发）"型流通模式？

"农户—批发商（第三方批发）"型流通模式是指农户与果蔬批发商签订合作协议，将果蔬卖给批发商，批发商再将果蔬产品通过其他流通渠道卖给消费者的一种流通模式。该模式在操作时应注意：

（1）应与多个批发商建立合作关系。实践表明，农户过度依靠某一个批发商，会降低农户对果蔬产品定价的发言权，无法获得公平的交易价格。

（2）应在多个批发商中重点选择2～3家批发商建立长期稳定的合作关系。与批发商长期稳定的合作，能够在一定程度上降低果蔬市场的价格波动和经营风险。

（3）应与重点批发商开展订单式业务合作。批发商能够较准确地掌握市场需求的信息，农户可以根据批发商的需求生产果蔬产品。

（4）在果蔬产品畅销时处理好和批发商的合作关系。果蔬产品畅销时，要着眼于长期利益，建立与批发商的信任关系，要保障对批发商的产品供应，这样在果蔬产品滞销时，批发商才能竭力采购滞销产品。

如何应用"农户—批发商（自营批发）"型流通模式？

"农户—批发商（自营批发）"型流通模式是指农户在批发市场设立自己的档口，对自己生产的果蔬产品开展批发业务。该模式在操作时应注意：

（1）开设档口以及开展业务需要一定的资金基础。档口的建设费用、人工费用、管理费用等都需要资金支撑，单一农户可能无法承担，以合作社形式进行自营批发业务较为稳妥。

（2）批发业务对果蔬产品供应量有一定要求。一般来说，批发业务的交易量会较大，单一农户和单一合作社的果蔬产量和种类可能满足不了客户需求。因此，自营批发业务除以经营自身生产的果蔬产品外，也应该兼营其他生产者的果蔬产品，从中赚取差价。

（3）与客户建立长期的合作关系。在开发新客户的同时，也要维护好现有客户。对需求量大、采购次数多的重点客户，可以提供一些优惠措施，建立长期合作的关系。

 如何应用"农户—加工企业"型流通模式？

"农户—加工企业"型流通模式是指农户与加工企业签订合作协议，将果蔬产品卖给加工企业的一种流通模式。该模式操作时应注意：

（1）一般来说加工企业对果蔬需求量较大，单一农户供给量太小，应以合作社或种植基地形式与加工企业合作。

（2）加工企业一般有自己固定的加工产品品种，对果蔬种类和质量的需求较为固定，因此农户的果蔬生产要按加工企业提出的标准进行生产。

（3）可以和多个加工企业建立合作关系，从中选择2～3家信誉好、回款快的加工企业，进行长期合作。

（4）单一依靠该模式会增加经营风险，一旦加工企业的产品销量下降，对农户果蔬产品的需求也会下降，因此应与其他流通模式配合使用，以降低经营风险。

 **如何应用"农户—餐饮企业"型流通模式？**

"农户—餐饮企业"型流通模式是指农户与餐饮企业签订合作协议，农户跨越批发商、零售商向餐饮企业提供果蔬产品的一种流通模式。该模式在操作时应注意：

（1）餐饮企业对果蔬产品的需求种类较多，小型餐饮企业的需求数量有限，大中型餐饮企业的需求数量较多，农户应根据合作餐饮企业的规模，做好种类和数量搭配。

（2）高档餐饮企业较在意果蔬产品质量，对果蔬质量要求较高，中、低档餐饮企业较在意果蔬价格，希望获得较实惠的价格，因此对不同档次的餐饮企业要做好质量和价格的匹配。

（3）蔬菜产品中经过初加工形成的净菜，在一些餐饮企业特别是快餐企业，有着大量需求。但生产所需的资金和技术要求较高，单一农户无法完成，资金和技术条件较好的合作社或者合作联社，可以带领农户跨入净菜加工行业。

 如何应用"农户—超市（便利店）"型流通模式？

"农户—超市（便利店）"型流通模式是指农户和超市（便利店）签订合作协议，农户跨越批发商直接向超市（便利店）提供果蔬产品的一种流通模式。该模式在操作时应注意：

（1）超市（便利店）对果蔬采购量较大且种类繁多，单一农户无法保障果蔬产品供应，农户应以合作社或者合作联社形式与超市（便利店）进行合作。

（2）超市（便利店）对果蔬产品的包装有特殊要求，如大小、重量、规格、商标、包装材料等，农户在包装果蔬产品时要符合超市（便利店）的要求，方便超市（便利店）的运输、贮藏和零售。

（3）顾客在超市（便利店）挑选果蔬产品时，会产生一定量的果蔬产品损耗。为避免纠纷，农户与超市（便利店）合作时，要充分考虑这些问题，农户要成为超市（便利店）的供货商，而不是让超市（便利店）代销果蔬产品。

如何应用"农户—政府、机关、企事业单位"型流通模式？

"农户—政府、机关、企事业单位"型流通模式是指农户与政府、机关、企事业单位签订合作协议，农户跨越批发商和零售商，直接向政府、机关、企事业单位的职工食堂提供果蔬产品的一种流通模式。该模式在操作时应注意：

（1）政府、机关、企事业单位食堂对果蔬产品需求种类较多，大型企业对于数量的需求也较大，单一农户无法满足种类和数量的需求，农户应以合作社形式与其合作。

（2）政府、机关、事业单位、国有企业食堂对果蔬产品的质量要求较高，因此果蔬产品供货首要任务是要保证果蔬产品质量。

（3）民营企业食堂对果蔬产品价格敏感。民营企业以赢利为主要目的，食堂的运营纳入到企业经营成本中来，因此果蔬产品供应在保证一定质量的前提下，果蔬产品的价格要适中、合理。

如何应用"农户—学校"型流通模式？

"农户—学校"型流通模式是指农户与学校签订合作协议，农户跨越批发商和零售商，直接向学校的职工食堂和学生食堂提供果蔬产品的一种流通模式。该模式在操作时应注意：

（1）学校食堂对果蔬产品需求种类和数量较多，尤其是大专院校规模较大，单一农户无法满足种类和数量的需求，农户应以合作社或合作联社形式与学校合作。

（2）学校食堂涉及广大师生的健康成长，对果蔬质量要求较高，因此果蔬产品供应必须要保证产品质量。

（3）学校食堂对果蔬需求的淡旺季比较明显。每年的1、2、7、8月是学校的寒暑假时间，学校对果蔬的需求量基本为零，单一依靠该模式销售果蔬，在寒暑假就会造成滞销问题，农户应该考虑配合使用其他流通模式弥补销售不足。

如何应用"农户—消费者（网络营销、电话订购）"型流通模式？

"农户—消费者（网络营销、电话订购）"型流通模式是指农户在一些网站发布果蔬产品销售信息，消费者通过网络或者电话进行果蔬订购，农户一般通过第三方物流将果蔬产品配送给消费者的一种流通模式。该模式在操作时应注意：

（1）网络营销和电话订购的前提是消费者能够得到果蔬产品的相关信息，因此需要付出一定费用对果蔬产品信息进行推广。

（2）果蔬产品在配送前，要有较合适的包装，以便能够保证果蔬产品不被挤压，同时保证果蔬产品的新鲜程度，果蔬产品被挤压或者新鲜度不够的情况下，可能会引起消费者退货，获得差评。

（3）要对消费者的个人信息进行留存整理，不失时机地对消费者进行关系营销，选择合适时机通过电话、短信、电子邮件、微信、微博等形式向消费者推送果蔬产品促销信息。

如何应用"农户—消费者（采摘）"型流通模式？

"农户—消费者（采摘）"型流通模式是指消费者进入到农户的果蔬生产场地，自己动手采摘果蔬产品，农户将消费者采摘后的果蔬产品卖给消费者的一种流通模式。该模式在操作时应注意：

（1）需要一定费用对采摘的信息进行推广，可以和旅行社、农家乐等单位合作进行采摘信息的推广。

（2）果蔬上市初期，价格可以定得高一些，退市期价格可以定得低一些，果蔬等级高的，价格可以定得高一些，果蔬等级低的，价格可以定得低一些。

（3）可以对消费者设置一个最低采摘量，作为对消费者入园的一个门槛限制。

（4）留存消费者信息，时机合适时通过电话、短信、电子邮件、微信、微博等方式向消费者推送果蔬产品促销信息，将消费者发展成回头客，带亲戚朋友过来进行采摘消费。

 如何应用"农户—消费者（种植体验）"型流通模式？

"农户—消费者（种植体验）"型流通模式是指农户将土地出租给消费者，消费者按照自己的意愿自己进行耕种，或者农户按照消费者的意愿代消费者进行耕种，生产出的所有果蔬产品归消费者所有的一种流通模式。该模式在操作时应注意：

（1）在推广过程中，重点要针对城市城区中的中高收入家庭消费群体进行推广，该群体对健康、绿色、纯天然的理念认识较为深刻，同时通过农耕进行亲子教育的需求较大。

（2）土地划块不宜过大，以一个三口之家的消费能力，一般以 10～15 米^2 作为一个基本出租单位即可。

（3）土地出租价格的确定要结合种子、化肥、水电、生产工具磨损、人工及农户预期收入等因素进行综合考虑。

115 如何应用"农户—消费者（电子菜箱）"型流通模式？

"农户—消费者（电子菜箱）"型流通模式是指消费者通过网络订购农户生产的果蔬产品，并在线完成支付，农户通过自己的物流或者第三方物流将果蔬产品配送到消费者家门口菜箱的一种流通模式。该模式操作时应注意：

（1）菜箱类似信报箱，要保证每户一箱，需要投入一定的费用进行建设，建设时要与社区工作人员做好沟通。

（2）果蔬产品要有较为合适的包装，便于物流配送，防止挤压破损。

（3）菜箱属于常温箱，及时配送到菜箱后，要及时通知消费者取货，以免果蔬蔫枯腐烂，产生纠纷。

（4）农户以合作社形式进行该模式操作较为适宜。

116 如何应用"农户—消费者（智能菜柜）"型流通模式？

"农户—消费者（智能菜柜）"型流通模式是指消费者通过网络订购农户生产的果蔬产品，并在线完成支付，农户通过自己的物流或者第三方物流将果蔬产品配送到消费者所在社区的冷藏菜柜，消费者采用刷卡或输入密码方式打开冷藏菜柜提取果蔬产品的一种流通模式。该模式操作时应注意：

（1）智能菜柜类似超市的存物箱，但具有冷藏保鲜功能。多户共用一箱，谁购物谁使用。智能菜柜需要投入一定的费用进行建设，建设时要与社区工作人员做好沟通。

（2）果蔬产品要有较为合适的包装，便于物流配送，防止挤压破损。

（3）果蔬产品配送到菜柜后，要及时通知消费者取货，以提高智能菜柜的周转使用率。

（4）农户以合作社形式进行该模式操作较为适宜。

117 如何应用"农户—社区（社区菜店）"型流通模式？

"农户—社区（社区菜店）"型流通模式是指农户将生产出的果蔬产品供货给社区菜店，社区菜店在社区进行销售的一种流通模式。该模式在操作时应注意：

（1）单个社区某一种蔬菜的销量是有限的，农户应与多个社区的菜店开展合作。

（2）农户供货价格要有优势。社区菜店一般有自己较为成熟的供货渠道，在该渠道上能够享受折扣、延迟付款、返利等优惠政策。新供货商在价格优势不明显的前提下较难切入供货商行列。

（3）社区菜店如果不想采购农户的果蔬产品，可考虑把社区菜店发展成农户果蔬销售自提点。如该社区消费者从农户处订购果蔬，农户可以包装好，配送到社区菜店，告诉消费者到该菜店去取，农户付给社区菜店一定的管理费用。农户要注意，经营的果蔬产品不要和社区菜店经营的果蔬产品种类发生重合。

如何应用"农户—社区（车载市场）"型流通模式？

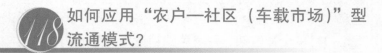

"农户—社区（车载市场）"型流通模式是指农户开着装有果蔬的货车到社区进行售卖的一种流通模式。社区车载市场类似一个移动的菜店。该模式在操作时应注意：

（1）车载市场的设立应该提前和社区的负责人进行沟通，保证长期的合作。

（2）车载市场的移动性较强，可以同时和多个社区进行合作，以提高销售量。

（3）蔬菜的品种尽量不要单一，至少要保持有几个本季节较为常见的蔬菜品种，这样才能保证一定的销售量。

（4）车载市场所使用的货车，在符合法律规定的前提下最好能够进行一定程度的改造，利于运输、装卸、摆放、挑选等。

（5）消费者对流动性强的商贩缺乏信任，车载市场属于流动性强的商贩，农户要尽力保证果蔬产品的品质，诚信经营，杜绝以次充好、缺斤短两等有损诚信的行为，这样做有利于长期销量的提升。

如何应用"农户—社区（综合直营店）"型流通模式？

"农户—社区（综合直营店）"型流通模式是指农户自己在有一定人口规模的社区开设综合类零售店铺，除经营自产的果蔬产品外，同时还经营其他米、面、粮、油、烟、酒、茶、盐、酱、醋等产品的一种流通模式。社区综合直营店类似一个社区的微型综合超市。该模式在操作时应注意：

（1）开设综合直营店的成本较高，涉及房租、货款周转等资金费用。综合直营店应以几个农户合股形式或者依托合作社形式开设较为稳妥，能够降低经营风险。

（2）社区选择较为重要。在选择社区时，应选择居住人口达到一定规模的社区，保证社区人口消费能力能够养活一个直营店。

（3）店铺的位置选择较为重要。一般要选择社区人群活动集中、人流集中、交通便利的地段作为店铺的位置，较为偏僻的地段会大大降低店铺的销售量。

主要参考文献

柴生武，王拴福，姬青云，等，2012. 马铃薯种薯贮藏管理技术 [J].
　　农业技术与装备（24）：63‐64.

程勤阳，孙静，聂宇燕，等，2014. 果蔬产地批发市场建设与管理[M].
　　北京：中国轻工业出版社.

洪涛，张传林，李春晓，2014. 我国农产品电子商务模式发展研究
　　（下）[J]. 商业时代（17）：76‐79.

贾清华，赵士杰，柴京富，等，2010. 枸杞热风干燥特性及数学模
　　型 [J]. 农机化研究（6）：153‐157.

李华，陈跃雪，2015. 农产品贸易案例分析 [M]. 北京：中国农业
　　出版社.

李华，牛芗洁，2014. 农产品电子商务与网络营销 [M]. 北京：中
　　国农业出版社.

李嘉，严继超，胡向东，2013. 市场营销理论与实践 [M]. 北京：
　　中国农业出版社.

李喜宏，夏秋雨，陈丽，等，2001. 微型冷库的优化设计研究 [J].
　　农业工程学报，17（3）：88‐91.

李笑光，2014. 我国农产品干燥加工技术现状及发展趋势 [J]. 农
　　业工程技术·农产品加工业（2）：16‐20.

刘清，2014. 果蔬产地贮藏与干制 [M]. 北京：中国农业科学技术
　　出版社.

卢瑞雪，刘瑞涵，卢海军，2013. 蔬菜流通模式的研究进展 ［J］. 商场现代化（23）：55－57.

罗云波，2010. 果蔬采后生理与生物技术 ［M］. 北京：中国农业出版社.

潘永贵，谢江辉，2009. 现代果蔬采后生理 ［M］. 北京：化学工业出版社.

任小林，李倩倩，2013. 苹果贮藏保鲜关键技术 ［J］. 保鲜与加工，13（1）：1－8.

肉孜·阿木提，李峰，高泽斌，2011. 新疆小白杏的太阳能干燥试验研究 ［J］. 农机化研究（7）：154－156.

谈向东，2006. 冷库建筑 ［M］. 北京：中国轻工业出版社.

王海霞，2006. 辣椒热风干燥特性研究 ［D］. 重庆：西南大学.

王文生，陈存坤，于晋泽，等，2014. 果蔬采后预冷若干问题浅析［J］. 中国果菜，34（12）：1－4.

谢开云，何卫，曲纲，等，2011. 马铃薯贮藏技术 ［M］. 北京：金盾出版社.

谢奇珍，沈瑾，程岚，2010. 脱水蔬菜加工技术与设备 ［M］. 银川：阳光出版社.

严继超，范双喜，2015. 蔬菜市场营销 ［M］. 北京：金盾出版社.

弋小康，吴文富，崔何磊，等，2012. 红枣热风干燥特性的单因素试验研究 ［J］. 农机化研究（10）：148－151.

于孟杰，张学军，牟国良，等，2013. 我国热风干燥技术的应用研究进展 ［J］. 农业科技与装备（8）：14－16.

张丽莉，陈伊里，连勇，2003. 马铃薯块茎休眠及休眠调控研究进展 ［J］. 中国马铃薯，17（6）：352－356.

郑先哲，2009. 农产品干燥理论与技术 ［M］. 北京：中国轻工业出版社.

钟伟平，2013. 第一讲 马铃薯贮藏 ［J］. 云南农业（1）：73－74.

朱明，程勤阳，刘清，等，2016. 果蔬干制技术与设施问答 ［M］. 北京：中国农业科学技术出版社.

朱明，程勤阳，孙静，等，2016. 果蔬贮藏保鲜技术与设施问答 ［M］. 北京：中国农业科学技术出版社.

朱明，程勤阳，王希卓，等，2016. 马铃薯贮藏技术与设施问答 ［M］. 北京：中国农业科学技术出版社.